U0170215

"文章合为时而著"，

这个"时"不是机会主义者眼中的"时"，

而是长时段里一直被证明有效的正道。

湖岸®
Hu'an

有茶氣

谬误与传说中的中国茶

曾园 著

图书在版编目（CIP）数据

有茶气：谬误与传说中的中国茶 / 曾园著. -- 北京：北京联合出版公司, 2020.5

ISBN 978-7-5596-3784-0

Ⅰ. ①有… Ⅱ. ①曾… Ⅲ. ①茶文化－中国 Ⅳ. ①TS971.21

中国版本图书馆CIP数据核字(2019)第241186号

有茶气：谬误与传说中的中国茶

作　　者：曾　园
选题策划：湖　岸
责任编辑：李　红　徐　樟
封面设计：尚燕平
美术编辑：王柿原

北京联合出版公司出版
（北京市西城区德外大街 83 号楼 9 层 100088）
北京联合天畅文化传播公司发行
三河市紫恒印装有限公司印刷　新华书店经销
字数 104 千字　787 毫米 ×1092 毫米 1/32　8.5 印张
2020 年 5 月第 1 版　2020 年 5 月第 1 次印刷
ISBN 978—7—5596—3784—0
定价：48.00 元

目录

卢仝终究是孤独的

茶人有相似性，卢仝与陆羽都不愿做官而去喝茶。陆羽被封“茶圣”，卢仝是“茶仙”。但卢仝今天已经无法与陆羽相提并论了。原因可能是今人不假思索就拿评价教授的标准来看待两位——陆羽有专著，卢仝只有一首诗而已。

《茶经》标举末茶，制定仪轨，功莫大焉。但今天来看，这一套已经被日本人学走，中国人手中已空空如也。

中国仍拥有的就是卢仝的《走笔谢孟谏议寄新茶》里那几句：“一碗喉吻润，两碗破孤闷。三碗搜枯肠，唯有文字五千卷。四碗发轻汗，平生不平事，尽向毛孔散。五碗肌骨清，六碗通仙灵。七碗吃不得也，唯觉两腋习习清风生。”值得我们再三致意的是“破孤闷”“发轻汗”，乃至“肌骨清”与“通仙灵”。通常我们会认为这是夸张，修辞手法而已。

但其实不是。英国历史学家麦克法兰在《绿色黄金》一书中准确提出：“茶是种上瘾物，但却是不同于其他东西的上瘾物，它较为温和，相对来说，是一种易戒除的习惯，而且更具普遍性；最不寻常的一点是，它对上瘾者是很有益处的。”

茶在1657年到英国，迅速风靡。众所周知的是，英国贵族创立了自己的茶道，但麦克法兰相信，工人阶级爱上喝茶的意义更为重要：“与英国中产阶级将喝茶当作时尚不同，茶成为18世纪晚期和19世纪工人阶级家庭的生活命脉。工人家庭把一半的餐饮预算花在茶上面……他们知道这尝起来味道有点苦的饮料能让他们的生活不那么辛苦，生活会好过一点。”“工人的午茶时间使生活变得可以忍受……若少了午茶休息，工人们可能无法持续下去。”

戴维斯1795年在《农工状况考察》中说：“在恶劣的天气与艰苦的生活条件下，麦芽酒昂贵，牛奶又喝不起，唯一能为他们软化干面包得以下咽的就是茶……茶不是造成贫穷的原因，而是贫穷的结果。”

将茶叶销售给工人并麻醉他们，目的就是为了维持资本主义生产。

《上瘾五百年》的作者美国学者戴维·考特莱特发现：“人类也经常给动物服用瘾品以便利役使。中国西藏地区的人给骡马喝大壶大壶的茶，以增加牲口在高海拔地区劳役的能力……斗鸡的主人用大麻混合洋葱喂公鸡，以加强其好斗性。驯养的大象只要把搬运工作做好，驯象师就可能喂它鸦片球，这和表演的海豚得到训练师奖赏的鱼差不多，驯象师手捧鸦片，大象嗅出味道，就像吃花生一样地把它送入嘴里。”

以前我对英国人选择中国茶中的红茶与乌龙茶感

到奇怪，在后来逐步的品饮过程中，我慢慢了解到，乌龙茶、红茶等英国人偏爱的品种里，“破孤闷”与“发轻汗”的效果要比其他常见茶更明显。

更进一步，“肌骨清”与“通仙灵”的效果呢？在普洱老茶里可以偶尔遇到。茶人口耳相传的“茶气”有多种说法：手心后背发汗，一股热流直坠丹田，“气”在脉络间游走……

台湾茶人邓时海在《普洱茶》中较早提到“茶气”，认为这是因为“茶中多糖类和有机锗产生一定的化学作用，于冲泡时即能溶于水”。但“古往今来饮茶品茗者千千万万，有几人真正体会到茶气美妙的境界？一来真懂得品尝茶气者不多，二来有茶气的好茶得来不易”。台湾另一位茶人周渝曾说2003年去云南找茶，要茶商给他“茶气强的茶，他们不懂什么叫茶气，就以为是口感强的”。石昆牧有篇文章也谈到茶气，里面提到，无法说服那些不相信的人，“只能微笑而不与争辩”。

可见“茶气”是台湾茶人的发明。冈仓天心的《茶之书》里，“茶气”指的是茶人的气质。给《茶之书》写序的周渝等人发明了这个极其吸引人但大多数人很难印证的术语。而且，2007年的普洱茶崩盘之后，相关理论也变得可疑了。

2013年，余秋雨在《极端之美》一书中重新谈起普洱茶之“气”，但他另有看法：“锗，很可能是增加了某些口味，或提升了某些口味吧？应该与最难捉摸的气韵和力度关系不大。”他的猜测是，茶来自“那些微生物”，因为“天下一切可以即时爆发的气势，必由群体生命营造”。不过此时的余秋雨影响力已不如从前，虽然茶叶店复印此文广为散发，但务实的普通人未必肯去轻信什么“茶气”。

茶叶曾让古人飘飘欲仙，让英国人“上瘾”，让中国的内行们感受到“茶气”，但是在今天却成为最难让新顾客信服的商品。也许，只有加上糖与奶，才能吸引到年轻人，并且是冰镇过的，才能被闲逛在街头的他们握在手里摇晃？

茶圣陆羽的身后事

茶行业的奇怪之处真是一言难尽。

先说一个陆羽时代的茶行业习俗。陆羽（733—804），字鸿渐，唐朝人。翰林学士李肇生卒年不详，813年在世，称得上是陆羽的同代人。他在《唐国史补》记载过这样一件事："巩县陶者，多为瓷偶，号'陆鸿渐'。买数十茶器得一'鸿渐'，市人沽茗不利，辄灌注之。"意思是，巩县人做陶瓷的，都会做"陆鸿渐"瓷人，作为顾客买十件茶器的赠品；茶商中也有种风俗，就是在买卖不顺的时候，用开水浇这个瓷人。

买十送一还好说，生意不好用滚水浇陆羽像算是怎么回事？台湾作家林清玄用充满正能量的说法为此举婉转回护：茶商“用茶水来供养浇灌在陆羽的头上，祈求他的保佑”。不过，这种供养方法还真是独特。

宋朝人费衮在《梁溪漫志》一书中坦率得很：“鸿渐嗜茶，而终遭困辱。嗜好之弊至此，独不可笑乎？”意思是说，陆羽爱好喝茶，终究却遭到侮辱，陷于困窘之境，嗜好导致了这样的结果，也是可笑。

明朝胡宗宪的幕僚沈明臣也写诗笑谈此事：“尝闻西楚卖茶商，范磁作羽沃沸汤。寄言今莫范陆羽，只铸新安詹太史。”

但是，陆羽的《茶经》并不仅仅是嗜好的记录，《茶经》在宋朝有了陈师道的序，见解深远：“夫茶之著书，自羽始；其用于世，亦自羽始。……山泽以成市，商贾以起家，又有功于人者也。”陆羽写了《茶经》之后，人们都喝起了茶，原先的山野变成了茶叶市场，很多商人发家致富，陆羽的书对人们是有大用处的。

可惜，宋朝的茶人大多没能理解陈师道的话。福建人蔡襄写了一本《茶录》，其中提道："昔陆羽茶经，不第建安之品。"福建建安茶很好，而陆羽没有进行品第，这算是捅了马蜂窝。

没多久，福建人黄儒写了本《品茶要录》，手法相当老辣，先歌颂大宋朝政治形势一片大好，"故殊绝之品始得自出于蓁莽之间，而其名遂冠天下。借使陆羽复起，阅其金饼，味其云腴，当爽然自失矣。"黄儒断定陆羽生前没有口福，假设他喝过必定"爽然自失"。能让茶圣陆羽喝过之后茫然迷失的茶，也不知道好到何种程度了。

给陆羽画了像，黄儒还不满意，他用吸饱了浓墨的笔畅快地写道："昔者陆羽号为知茶，然羽之所知者，皆今之所谓草茶。何哉？如鸿渐所论'蒸笋并叶，畏流其膏'，盖草茶味短而淡，故常恐去膏；建茶力厚而甘，故惟欲去膏。又论福建为'未详，往往得之，其味极佳'。由是观之，鸿渐未尝到建安欤？"黄儒的意思是，眼界限制了陆羽对制茶工艺的理解。在“蒸”这个工艺之后，陆羽建议摊开茶叶，防止茶叶堆积造成茶汁被挤压出来。黄儒说，建茶茶味很足，哪里害怕茶汁流失呢?《茶经》中的工艺记载太不全面了。

要之，一、陆羽没喝过什么好茶；二、陆羽对工艺的理解未搔到痒处；三、陆羽没去过黄儒心中的“茶叶胜地”建安——这算是一个茶人犯了大罪。

福建人熊蕃在《宣和北苑贡茶录》一书中为耿直的老乡黄儒频频点赞：“郡人黄儒始撰《品茶要录》，极称当时灵芽之富，谓使陆羽数子见之，必‘爽然自失’！”

唐人张又新写过一本书叫《煎茶水记》，里面说陆羽曾对天下名水进行过品第。欧阳修认为此书很不客观，怒斥“又新妄狂险谲之士，其言难信，颇疑非羽之说”，气头上的欧阳修又说：“使诚羽说，何足信也?”假使陆羽再生，面对一腔正气的欧阳修，恐怕只能说：“我……”

到了明朝，文人为本朝的散茶冲泡方法喜不自胜，开始嘲笑《茶经》中的制茶工艺。

沈明臣的死对头屠隆在《茶说》一书中说：

> 至于曰采造，曰烹点，较之唐宋大相径庭。彼以繁难胜，此以简易胜，昔以蒸碾为工，今以炒制为工。然其色之鲜白，味之隽永，无假于穿凿。是其制不法唐宋之法，而法更精奇，有古人思虑所不到。而今始精备茶事，至此即陆羽复起，视其巧制，啜其清英，未有不爽然为之舞蹈者。

屠隆认为当时的茶“色之鲜白，味之隽永，无假于穿凿”，质量摆在那里（正如今天的茶商挂在嘴边的话“好喝就是硬道理”），不需要任何广告词来“穿凿”。“穿凿”的意思是，“勉强解释，牵强附会”。那么，屠老师认为陆羽的《茶经》是“勉强解释，牵强附会”喽？明代人屠隆与宋人一样，同样要求陆羽复生来见证明代茶叶工艺的兴旺，用词也差不多，“爽然”云云，拾人牙慧，但“为之舞蹈”是否过分？

日本人冈仓天心在《茶之书》中讥讽过明人忘性大，对唐宋茶事已经不甚了然。此说有点刻薄，但真实。但明人偏偏要炫耀自己的行家身份。

明人冒襄在《岕茶汇抄》一书中的表现如同班主任附身，点陆羽的名，点玉川子卢仝的名：

> 古人屑茶为末，蒸而范之成饼，已失其本来之味矣。至其烹也，又复点之以盐，亦何鄙俗乃尔耶。夫茶之妙在香，苟制而为饼，其香定不复存。茶妙在淡，点之以盐，是且与淡相反。吾不知玉川之所歌、鸿渐之所嗜，其妙果安在也。善茗饮者，每度率不过三四瓯，徐徐啜之，始尽其妙。玉川子于俄顷之间，顿倾七碗，此其鲸吞虹吸之状，与壮夫饮酒，夫复何殊。陆氏《茶经》所载，与今人异者，不一而足。使陆羽当时茶已如

今世之制，吾知其沉酣于此中者，当更加十百于前矣。

今天很多看不懂文言文的文化人，都乐意发明唐人往茶里加很多东西一起喝的历史。他们当然属于粗陋不文之人，但还不至于像屠隆直接将唐人的审美定性为“鄙俗”。而且，还想象唐茶“香定不复存”的幻境。

唐朝茶道让名人冒襄很不满意，他看不上别人猛饮，只爱啜饮，简直就是妙玉的前身——何况他那么喜欢“妙”字！至于工艺，今天的普通人都不想跟他谈吧：满世界的茶饼，无非就是为保存香气而制。茶是优雅之物，不知道为何明人一定要奋袂攘臂地哓哓强辩。

夏树芳《茶董》中讲过一个酒会的段子，明代村学究的嘴脸与趣味跃然纸上：

宣城何子华，邀客于剖金堂，酒半，出嘉阳严峻画陆羽像，子华因言：前代惑骏逸者为马癖，泥贯索者为钱癖，爱子者有誉儿癖，耽书者有《左传》癖。若此叟溺于茗事，何以名其癖？杨粹仲曰：茶虽珍未离草也，宜追目陆氏为甘草癖。一坐称佳。

称陆羽为“叟”是否合适？“甘草癖”有何佳处？

宋朝诗人王禹偁写过一首《过陆羽茶井》：“甃石苔封百尺深，试令尝味少知音。惟余半夜泉中月，留得先生一片心。”

我觉得这首诗才真正理解了陆羽，千余年来，也只有陈师道与王禹偁等几个人才算是真正懂得感恩的茶人。

唐诗中的党争与茶税

唐诗中隐藏着一些秘密，以前我们因为自身的知识缺陷被诗人带偏而不自知。李商隐有首《贾生》：“宣室求贤访逐臣，贾生才调更无伦。可怜夜半虚前席，不问苍生问鬼神。”

李商隐用汉代故事隐射唐代政治，但用错了汉代史实。我们信了很久，以为汉文帝获得了点成就就骄傲起来，听不进意见了。

汉文帝是古往今来不多的贤君，留给我们最重要的记忆是“缇萦救父”，这是真正不多见的智慧，在世界文明史中，汉文帝较早洞悉了犯罪的本质是社会问题，减少犯罪只有综合治理一条路可走。而贾谊留给我们印象最深的是《过秦论》，慷慨陈词，铿锵有力，值得初中生上两堂课去理解。从历史来看，汉文帝治理犯罪的目的达到了，《过秦论》只是一篇好看好听的文章而已。

在李商隐的诗里，贾谊这么杰出的人才被喜好迷信的汉文帝耽搁了。那么我们只能得出一个结论，在非常好的"文景之治"时代，如果贾谊得到重用，"文景之治"会更好。

实际情况并非如此，汉初政治的主要措施是与民休息，皇帝崇尚黄老思想、无为而治，我们现在可以理解为这是一种干预较少的自由经济，效果很好——司马迁在《货殖列传》中列出了当时许多的大商人的业绩。那时也出现了官商勾结的问题，贾谊的想法是打压地方政治与经济势力，经济措施是压制商业，重视农业。贾生的才调如何我们不知道，但我们后人知道的是，贾谊的这一套空想实施起来，国家是没有希望的。

所以，汉文帝根本不想听贾谊这一套统制经济的说法，只赏脸跟这个名气大的文人谈谈鬼神。关于经济，汉文帝心中有数。

李商隐属于牛党还是李党历来众说纷纭，从这首诗来看，李商隐显然属于加强中央集权、强力削藩的李党。

另一方面，唐诗中有更多信息由于我们缺乏全面解读的知识，虽然没有理解偏差，但一直留在混沌中。白居易的《琵琶行》就是一个例子。陈寅恪先生认为，《琵琶行》是反战作品。与李商隐不一样，白居易属于反对削藩的牛党。《琵琶行》中的“弟走从军阿姨死”就是例子。也许有人觉得写一句少了，应该像杜甫那样多写。我们要知道，白居易被贬江州就是因为反对削藩，因此，诗中不能流露一丝情绪。

这首诗写了三个地方，长安、江州（今九江）、浮梁。长安，琵琶女在此出道，茶商与她在这里认识。江州，白居易和琵琶女见面的地方，也是茶商的家。浮梁，茶叶产地。

据陈寅恪先生研究，琵琶女与茶商在长安认识的时候，至少已经三十岁了。因为削藩，“弟走从军”“阿姨死”，琵琶女只有嫁人。商人看上她，只是因为她便宜，琵琶女曾经含金量很高的技艺在战争环境中已经不值钱了。

茶商在长安是为了领茶叶券，其实就是支付茶叶税。陈先生介绍，安史之乱以后，朝廷失掉了河北财源。为维持两京一带的需要，经济上要靠江淮——山东、河北的盐得不到了，只有靠东南的盐。唐于开元年间才开始收取盐税，现在更靠它来弥补失去的财富。盐需要行销四处，以水道最便利，大船最经济，可从扬州到九江间上下往来。茶与盐同。所异的是，茶有名贵的和普通的。前者用的人少，后者用得普遍，于是便视茶如盐，不单税盐也税茶。茶商、盐商，都向政府领专卖券，他们都是新兴的大商人。

“商人重利轻别离，前月浮梁买茶去。”这两句可圈可点。商人看中琵琶女，是有经济上的考虑。琵琶女三十多岁，所需费用不大；曾经抛头露面，待人接物没有问题，商人买茶期间，她可以在“江口守空船”。她的地位是“商人妇”，这个“妇”，不高不低，介于妻、妾之间。双方是在平等友好、互助互利的情况下成婚的。

有的版本写作“前年浮梁买茶去”，是错的。经陈先生考证为“前月”：“茶本以新为贵，如此费时，亦是重利商人所不为的。商人本是在蜜月期内离开的，买茶不会费时太久。”

琵琶女守的是大船，白居易是小船，从这个角度去读“移船相近邀相见”，才会明白双方的行为逻辑。

之后二十年，唐文宗太和九年（835）十月，宰相、榷茶使王涯鼓吹“榷茶之利”，征购民间茶园，规定茶的生产贸易，全部由官府经营。这个思路和贾谊差不多。反复加税造成民怨沸腾，后因王涯被诛废止。

陈寅恪先生有一句话曾被认为是开玩笑："我侪虽事学问，而决不可倚学问以谋生，道德尤不济饥寒。要当于学问道德之外，另谋求生之地，经商最妙。"但其实如果我们深究下面这句话，就会明白陈先生内心的苦痛："若作官以及作教员等，绝不能用我所学，只能随人敷衍，自侪于高等流氓，误己误人，问心不安。"

所以，陈先生对盐茶的研究自然是唐史工作中的重点，但陈先生对商业逻辑推研到如此精细的地步，与他内心深处重视商业文明是不可分的。

时间穿越术 徽宗朝的

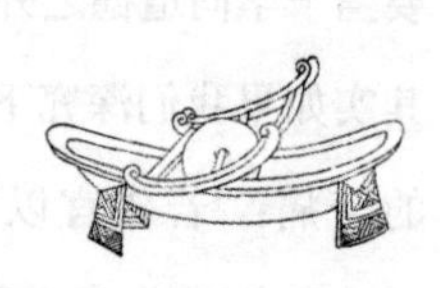

在夏至这一天谈春茶是合适的。

乾隆品饮过龙井之后，写过一首《观采茶作歌》，其中提到他认为制茶的最佳时间："火前嫩，火后老，惟有骑火品最好。"

今天一般人比较重视的是"明前茶"，明前即清明前。清明又称寒食，因介子推的传说而诞生的寒食节禁火三天，之后生新火。苏轼有名句："休对故人思故国，且将新火试新茶。"

"骑火"这个说法新颖豪放，扑面而来：仿佛来自酷寒之地的满族皇帝终究还是控制了江南深奥难懂的茶之秘密。但其实在我看来，乾隆的茶诗大多用典，反映的只是他读书的勤勉。“骑火”这个说法在五代毛文锡的《茶谱》里早就记载过：“龙安有骑火茶，最上，言不在火前，不在火后故也。清明改火，故曰骑火。”同时期僧人齐己写的《茶诗》中也有“甘传天下口，贵占火前名”。

“骑火”指的是制茶时间在清明。据历史记载，乾隆喝到龙井茶时已是夏末了。拿到让人眼红的明前茶为何不喝？原因很简单：从味道或养生角度来说，夏末，茶火气渐退，出汤更能体现龙井精神。如果乾隆在清明期间就捧一大缸子喝龙井，那么他这个王朝，或者说他豢养的那个班子，也未免太低档了。

会喝茶不难。今天，如火如荼的新茶饮项目涉及巨大的融资。资方调研报告早就发现，80% 的消费者能喝出好茶和劣质茶的差别。喝茶真是一件简单的事情。喝不懂，无非是不信任自己的舌头，或看不懂书，或被假大师吓蒙了。

五代十国常被看作是乱世，但茶叶鉴赏为何在那时兴起？其实所谓乱世并非整个国土一无是处，有些局部地区的商业繁荣被刻意忽视了。《剑桥中国辽西夏金元史》记载：

> 契丹人不仅了解其邻近的北方诸政权，而且熟知江南的情况。早在915年，地处今天浙江的沿海国家吴越的统治者钱镠就曾派使臣由海路到达契丹宫廷。吴越正式承认中国北部各连续王朝的最高权力。他们与契丹建立关系主要是出于商业方面的考虑：他们希望保护他们在渤海和高丽的贸易利益。对契丹人而言，则是寻求与东南亚和印度洋地区的海上贸易通道，以获得舶来品、香料和奢侈品。

钱镠在史书中留下名声，因为保卫杭州免受黄巢蹂躏，更因为他在治理吴越之余，给太太写过一封出名的信："陌上花开，可缓缓归矣。"其实，这位书信大师做的最重要的事是与契丹做起了茶叶生意。茶叶也只有卷入到国际贸易中去，才能赢得真正的价值。

茶叶鉴赏的历史当然是由陆羽与卢仝开启，但商业活动对茶叶品鉴史的塑造作用却被弱化了。吴越与日本、契丹在佛教传统之下的茶叶贸易，迅速提升了茶产业的发展。野生茶叶有微毒，茶叶贸易促进了茶叶人工驯化、育种技术的普及。

进入宋朝，事情起了变化。五代时期的标准不再有效，进贡新茶的时间越来越靠前。唐朝的"一骑红尘妃子笑，无人知是荔枝来"在宋朝变成春茶"飞骑疾驰，不出中春[1]，已至京师，号为头纲"。以2018年为例，清明节为4月5日，春分则为3月21日，可见春分之早。据沈冬梅《茶与宋代社会生活》一书介绍，整个宋朝，茶叶的制作多在春分前后，在历史中最

1 "中春"即春分。

早，原因应该与宋代的斗茶文化有关。

但宋徽宗仍不满意，宣和年间的茶叶摘制时间一直在提前，最后居然提前到了腊月，宋徽宗在冬至时就喝到了明年的春茶！这很让人抓狂，因为感受时间比较虚，海德格尔总结常人会“把时间本身领会为某种现成事物”，当某种未来之物成了现成之物，时间感就崩溃了。

宋徽宗不知道的是，这种冬至春茶其实是用作弊的方式生产出来的：“用硫黄之类发于荫中，或以茶籽浸，使生芽。”从现代科技角度看，茶籽中有生长素，的确能促进发芽。硫黄在现代农业中通常用于改变土壤酸碱度；《土壤肥料讲义》一书认为，硫黄的少量施用能促进硫黄菌的繁殖，将不溶性的磷、钾变得可溶，从而促进植物生长。

但是，这种高科技茶只有“新香”而没有什么味道，所以只能掺假增强味道，“十胯中八分旧者，止微取新香之气而已”。新旧茶拼配技术在北宋已经很发达了，这只是其中一种。

宋徽宗之后，这种时光穿越技术就中止了（多半是因为竞争对手的揭发，而受骗的皇室不好意思说明而已）。但我们还是要分析一下，宋徽宗这个茶叶品鉴史中的行家，会偶然失手吗？

我觉得不会。很多人会引用宋徽宗在《大观茶论》中说的“凡芽如雀舌谷粒者为斗品”来证明，他相信茶越嫩越好，最好纯用芽头。“斗品”就是宋代斗茶所用的最好品级，用“斗品”才能达到“乳雾汹涌，溢盏而起，周回凝而不动，谓之咬盏”。这还有什么疑问吗？[1]

细看宋徽宗的《大观茶论》，茶其实分两个系统，第一个系统的茶用来“斗”，标准是芽细小如雀舌、谷粒。第二个系统的茶用来“饮”。宋徽宗明白写道：“夫茶以味为上。香甘重滑，为味之全。”这段话在茶

---

1 斗茶更具体的情形参看扬之水《两宋茶事》。

叶品鉴史中重如泰山，不可易一字。宋徽宗谈了茶芽与茶叶的不同用途："茶枪乃条之始萌者，木性酸，枪过长则初甘重而终微涩。茶旗乃叶之方敷者，叶味苦，旗过老则初虽留舌而饮彻反甘矣。"茶枪即茶芽，茶旗即茶叶。茶芽当然味道是甘甜的，但回味是微涩。"旗过老则初虽留舌而饮彻反甘矣"说的是，"老叶"能延续更长的"甘"。所以，宋徽宗不仅不排斥茶叶，甚至不排斥"过老"的茶叶。值得提一下，这个观点并非宋徽宗独创。北宋宋子安在《东溪试茶录》一书中就写过："虽……茅叶过老，色益青明，气益郁然，其止则苦去而甘至。民间谓之草木大而味大是也。"也就是说，老叶色好，气好，回甘好。宋子安经常强调官方的茶叶品鉴与民间不一致。茶叶官僚机构因媚上而走了邪路，民间却坚持了"草木大而味大"这一朴素真理。

回过头看，那些作假高手是看懂了书，完全明白这两个系统的差异。所以他们提供的冬至春茶这种人间极品，拼配中只用了百分之二十的新茶，百分之八十仍然用旧茶或老叶。理论上完美无缺的宋徽宗在实践中上当了。

后世茶人因为末茶被朱元璋罢贡，留在纸上的末茶品鉴传统被忽视。明代中期，茶人钱椿年还认为“粗细皆可用”，到了晚明冯可宾那里，就变成了“茶以细嫩为妙”了，不过采摘时间建议是“交夏”，即立夏。

追求“早”的心态还可以辩论一下。欧阳修在《尝新茶呈圣谕》中说：“人情好先务取胜，百物贵早相矜夸。”人性而已。

“嫩”就不好辩了。鲁迅在《上海的少女》一文中沉痛检讨了汉族美学中这一股腐朽支脉：“不但是《西游记》里的魔王，吃人的时候必须童男和童女而已，在人类中的富户豪家，也一向以童女为侍奉，纵欲，鸣高，寻仙，采补的材料，恰如食品的餍足了普通的肥甘，就想乳猪芽茶一样。现在这现象并且已经见于商人和工人里面了，但这乃是人们的生活不能顺遂的结果，应该以饥民的掘食草根树皮为比例，和富户豪家的纵恣的变态是不可同日而语的。”

是的，在长时间段里华夏文明会再三重启，标志之一就是茶文化中追逐“早”与“嫩”的奇怪热情。而且，这一热情顽强到能独立生长为一种全须全尾、顾盼自得的美学。

对“早”与“嫩”的追求，必然带来对清淡口感的回护。其倡导者中不乏手握重权之人。明末兵部尚书熊明遇曾宣布：“茶之色重、味重、香重者，俱非上品。”由此他斥责了包括龙井在内的几乎所有茶。他的口感是这样的：“尝啜虎丘茶，色白而香似婴儿肉，真精绝。”

杭州茶人许次纾坚持采茶的最佳时机应该是谷雨前后，而不是大多数人崇尚的明前。他一再劝告：“若肯再迟一二日期，待其气力完足，香烈尤倍，易于收藏。”具体采摘时间是“非夏前不摘”。这里的“气力完足，香烈尤倍”比宋徽宗的说法“香甘重滑，为味之全”更通俗易懂，两者强调的“完足”与“全”其实是一回事。

他无法理解市场上的怪事：“吴淞人极贵吾乡龙井，肯以重价购雨前细者，狃于故常，未解妙理。”明末上海富商用钱来推广熊尚书的美学理论了。

叶梦珠《阅世编》记载过上海富商的气势：“富商巨贾操重资而来市者，白银动以数万计……以故牙行奉布商如王侯，而争布商如对垒。”茶商对待布商的态度亦复如是。仅建立了“正确口感体系”的茶人应该无从置喙吧。

上海富商在明朝是否喝懂了龙井，并不重要。清代皇帝乾隆颁布了“骑火品最好”之后，惊人的事情是，仍然有人在负隅顽抗。比乾隆小五岁的杭州人袁枚在他的畅销书《随园食单》中写过：“……龙井。清明前者，号‘莲心’，太觉味淡，以多用为妙；雨前[1]

1 “雨前”指谷雨之前。

最好，一旗一枪，绿如碧玉。”

他没直接攻击“骑火品”，但已经说到了“骑火前”的茶“太淡”，也就等于说“骑火品”淡了。他堂堂正正地表达了“雨前最好”，也就是说“骑火品”不是最好。在嫩度上，最好的不是纯芽，而是“一旗一枪”。是的，无论多少手握重权的人要倡导没滋没味的“皇帝的新茶”，精行俭德的茶人一定会推崇完美口感。袁枚差不多与乾隆同年去世，实在不容易。

1960年，农业科学家培育出了6043号绿茶，特点是发芽时间最早、生长旺盛。1972年，6043号改名为龙井43号，在龙井茶区推广。《三联生活周刊》说：“茶农开始纷纷拔掉种植了几十上百年的群体种老茶树，改为种植龙井43号。”神奇的龙井43号能在早春第一批上市，而且增产近10倍。江苏、安徽、湖南、江西、湖北纷纷跟进。1972年当然是没有口感这一说法的。

明清第一名茶：龙井与岕茶之争

2018年7月4日，我在《徽宗朝的时间穿越术》（发表于《南方都市报》副刊）一文里提到了晚明兵部尚书熊明遇关于岕茶的说法。有朋友告知，我引用的熊明遇的话如“茶之色重、味重、香重者，俱非上品”“尝啜虎丘茶，色白而香似婴儿肉，真精绝”等只言片语见之于常见的明朝屠本畯的《茗笈》与冒襄的《岕茶汇抄》，意思与熊明遇《罗岕茶疏》全文并非完全吻合。这本失传几百年的《罗岕茶疏》前些年已经出版。

熊明遇的著作不少，其中《格致草》与《地纬》在乾隆年间被禁，《禁书总目》与《违碍书目》有载，目前中国国家图书馆与美国国会图书馆有藏。

2007年，长兴县谢文柏将《罗岕茶疏》从顺治时期的地方志中找出并在《顾渚山志》一书中刊印出来。

中国名茶多，历史上有专著介绍的，龙井有一本，岕茶有六本。读完《罗岕茶疏》后深为感佩，熊明遇文风斩截，一扫成见，对茶的见解远超同侪。

我知道岕茶的存在，是从晚明张岱的《陶庵梦忆·闵老子茶》里读到的：

> 余再啜之，曰："何其似罗岕甚也？"汶水吐舌曰："奇，奇！"

张岱喝了两口，断言茶太像罗岕茶了。著名老茶商、行为举止仙风道骨的闵汶水吐了吐舌头说："奇，奇！"

自己夸自己的文章不可全信。晚明四公子之一的冒襄在畅销书《影梅庵忆语》里提到董小宛用岕茶泡饭，可信度更高一些：

姬性淡泊，于肥甘一无嗜好，每饭，以岕茶一小壶温淘，佐以水菜香豉数茎粒，便足一餐。

和其他名媛不一样，董小宛很淡泊，从来不爱吃什么美味，每次吃的都是用一小壶岕茶泡过的米饭，下饭的也不过是几根新鲜蔬菜和几粒香豉。

值得说一下，淡泊归淡泊，但这一餐的费用要比通常"肥甘"的一餐贵很多。此书中，董小宛煮茶大约是此书给人印象最深的段落：

文火细烟，小鼎长泉，必手自炊涤……东坡云："分无玉碗捧峨眉。"余一生清福，九年占尽，九年折尽矣。

冒襄说得很热闹，其实他并不真懂茶。另一位“四公子”陈贞慧在《秋园杂佩》里也聊过岕茶：“阳羡茶数种，岕茶为最，岕数种，庙后为最。”“四公子”方以智在《物理小识》里也提到“罗岕立夏开园，制有三法”。可见谈岕茶是名人标配，唐寅、祝枝山、文徵明都不例外，岕茶是人人都要吟咏的。

如冒襄所说，贡茶“唐人首称阳羡，宋人最重建州”，到了明代，岕茶异军突起，被后人称为“大明绝唱”“天下第一历史名茶”。

岕茶产于长兴与宜兴，长兴属于湖州，陆羽在《茶经》中列出的五个并列的茶叶地域冠军中就有湖州。宋赵明诚在《金石录》一书中说：“义兴（宜兴旧名）贡茶，非旧也，前此故御史大夫李栖筠守常州时，有山僧献佳茗，会客尝之，野人陆羽以为芬香甘辣冠于他境，可荐于上，栖筠从之，始进万两，此其滥觞也。”

从唐至明这一带不断产生名茶。冒襄报告：“近日所尚者，惟长兴之罗岕（罗岕，罗隐隐此故名），疑即古之顾渚紫笋也。”类似猜想不断在文人中滋长，岕茶有可能是阳羡茶，也可能是顾渚茶……在长兴做过六年知县的熊明遇一语道破：“意者顾渚即古所谓阳羡产茶处耶？今人谓义兴为阳羡，顾渚、罗岕俱在义兴南，只隔一岭二山，东西相距八十里而遥。”三个过于靠近的名茶产地总算界限清晰了。

明初朱元璋觉得团茶太过耗费人力，罢贡团茶。在这个大背景之下，各种新茶新工艺出现了。老贡茶基地的岕茶的制作方法“先蒸后焙”，延续了团茶的传统部分工艺。此时龙井凭炒青工艺带来的鲜爽口感横空出世。龙井出产于杭州，杭州茶在《茶经》中地位不高，原因可能是唐宋茶工艺不适合龙井。整个明朝茶的历史，就是龙井与岕茶之间隐秘的拉锯战。

我曾因熊明遇被引用的只言片语，认为他极为重视茶的清淡，但据《罗岕茶疏》来看，熊明遇的观点并无不妥，他的许多见解值得进一步解读。

首先他会买茶。买名茶一直是件很难的事情，岕茶产量很低，名人却很多，熊明遇却有办法弄到岕茶："主人每于杜鹃鸣后，遣小吏微行山间购之，不以官檄致。"茶叶鉴别是精细事，以官方身份去买，茶农给赝品的可能性居多。而且，"每岁只宜廉取，多则土人必淆杂为赢，无复真者"。就是说一定要想办法压价，否则茶农必定掺假。以平民身份低价买名茶，其中的技术难度很高。

"凡茶，以初出雨前细者佳。惟罗岕立夏开园，吴中所贵，梗觕（粗）叶厚，微有萧箬之气。"熊明遇这段话极有意义，但被误解了。一般说法是岕茶先为"吴中所贵"，然后名声传遍全国。但这种断句是有问题的。"吴中所贵"的宾语是"梗粗叶厚"。也就是说，湖州茶的品种优异，工匠对工艺也有所坚持：无论有多少外行如痴如醉地追求采摘茶叶的"早"与"嫩"，他们都坚持"立夏开园""梗粗叶厚"。冒襄的解释其实是想当然："岕中惜茶，决不忍嫩采。"这等于是说，岕茶特殊的工艺不是为了茶汤的味道，只是为了“珍惜”。我在《徽宗朝的时间穿越术》一文中已说明，宋人强调茶叶采摘避免“嫩采”是为了味道。所以我们不妨说，岕茶在明代艰难传承了茶道的正法，这种正法已不为绝大多数人所理解。

谈到用水，熊明遇首推当地的“惠泉”：“无泉则用天水，以布盛秋雨、梅雨，淀而封诸瓮中，愈久愈妙。”“天水”即雨水或雪水，符合茶人一贯标准。存水的方法一定是启发了《红楼梦》作者写出了这段让读者瞠目结舌的文字：

> 黛玉喝了后问：“这也是旧年的雨水？”妙玉冷笑道：“你这么个人，竟是大俗人，连水也尝不出来。这是五年前我在玄墓蟠香寺住着，收的梅花上的雪，共得了那鬼脸青的花瓮一瓮，总舍不得吃，埋在地下，今年夏天才开了。我只吃过一回，这是第二回了。你怎么尝不出来？隔年蠲的

雨水那有这样轻浮，如何吃得？”

这些年人们渐渐听到了茶存放后味道更为醇厚的说法，但存茶的方法大多来自茶商的臆想。熊明遇在明朝就总结出了很科学的方法：“藏茶宜箬叶而畏香药，喜温燥而忌冷湿。收藏时先用青箬，以竹丝编之，置罂四周。”这与今天普洱的藏茶方式几乎完全一致。日本汉学家青木正儿认为，普洱茶与宋朝茶道有一脉相承之感。也就是说，我们可以将岕茶与普洱的高度相似性看作是二者共享了宋代茶道传统。

熊明遇谈过秋茶：“岕有秋茶，取过秋茶，明年无茶，土人禁之。韵清味薄，旋采旋烹，了无意趣。”简单说，岕茶的秋茶了无意趣。

我们看看张岱如何神采飞扬地品岕茶的秋茶：

> 灯下视茶色，与磁瓯无别，而香气逼人，余叫绝……

接下来，张岱谈春茶：

……言未毕，汶水去。少顷，持一壶满斟余曰："客啜此。"余曰："香扑烈，味甚浑厚，此春茶耶？向瀹者的是秋采。"汶水大笑曰："予年七十，精赏鉴者，无客比。"遂定交。

见张岱如此内行，闵汶水不敢怠慢，神秘地又泡了一壶茶捧来。张岱喝了评论："香气浓烈扑鼻，味道浑厚，这是春茶吧？刚才泡的一定是秋茶。"闵汶水大笑说："我七十岁了，没见过比您更精于鉴赏茶的人了！"于是两人定交。

其实，能分辨春茶与秋茶的人多如牛毛，如果真是"精行俭德"的茶人，闵汶水不会说那些工于心计的奉承话。"闵茶"是当时热门品牌，茶商闵汶水的宣传手段很高明。张岱拾人牙慧，用耸人听闻的方式娱乐大众，文字摇曳生姿，顾盼神飞，实在是晚明自媒体行业第一人。

兵部尚书熊明遇用以下文字划清了自己与部分文人的界限：“凡煮茶，银瓶最佳，而无儒素之致。宜以磁罐煨水，而以滇锡为注……亦有以时壶[1]代锡注者，虽雅朴，而茶味稍醇，损风致。”

外人并不知道茶行业的一个秘密是：谈煮水的器具，几千年来茶人都吞吞吐吐。熊明遇谈壶则光明磊落，面无惧色。最初陆羽在《茶经》中谈煮水的茶釜（鍑）时就有些迟疑，建议用生铁，因为实用而耐久，然后犹豫不决地提到了银：“用银为之，至洁，但涉于侈丽。雅则雅矣，洁亦洁矣。若用之恒，而卒归于银也。”事就是这么个事：铁壶便宜，银壶贵。每代人用几个容易锈烂的铁壶，倒不如一把银壶可以传几代人。长久来看，用银壶更合适。

明朝郎中卢之颐在他的《本草乘雅半偈》收录《茶

---

1 指时大彬壶。

经》后，多此一举地加了一句废话："山林逸士，水铫用银尚不易得，何况鍑乎？若用之恒，而卒归于铁也。"他看不懂原文，却喜欢讲几句没滋没味的话，"明人刻书而书亡"说的正是卢之颐这种人。不过，好在清代多数版本还算正常。

今天的出版物，至少有一半《茶经》版本将陆羽文字窜改为"卒归于铁"，可见文人觉得倡导奢侈终归是不对的，先天下之忧而忧，改定为"铁"。所以，噤若寒蝉的伦理学终于战胜了美学与真理。但这些提倡艰苦朴素的编辑有没有想过，国际茶学交流当中，被俗本熏陶过的茶人的不慎发言会引起哄堂大笑的后果？

"茶味"可以牺牲一点，"风致"丝毫不能让步。从上下文看，也许是不能向"儒素之致"让步。这种"儒素之致"具体何指？也许是他讥讽过的风雅自许、"舌根多为名根所役"、内心深处连银壶的物理属性都不敢说出口的人吧。

在岕茶的狂热中，龙井的支持者一直暗中酝酿着一场反叛。万历《钱塘县志》(1609年)中默默出现了这样的评论:“老龙井茶品,武林第一。”

接着,许次纾、屠隆、高濂等名人逐渐发现龙井的魅力。高濂的评价很有意思:“近有山僧焙者亦炒,但出龙井方妙。而龙井之山,不过十数亩,外此有茶,似皆不及。附近假充,犹之可也。”“似皆不及”“犹之可也”,这种过分宽容的态度在所有朝代的茶人中都是不多见的。

首先,龙井要解决产地歧视的历史遗留问题。茶好,无非是产地、工艺、茶种三者的结合。陆羽的《茶经》曾记载:“浙西,以湖州上……常州次……宣州、杭州、睦州、歙州下。”杭州茶被陆羽认为等级不高。明朝田艺蘅在《煮泉小品》一书中也曾痛快地补刀:“临安、于潜生于天目山者,与舒州同,亦次品也。”“次品”二字非常辣眼睛。

对茶与茶史有极深理解的明人罗廪在《茶解》一文中有力挽狂澜的一笔:“按唐时产茶地,仅仅如季疵[1]所称。而今之虎丘、罗岕、天池、顾渚、松罗、龙井、鸠宕、武夷、灵山、大盘、日铸、朱溪诸名茶，无一与焉。乃知灵草在在有之，但培植不嘉，或疏采制耳。”品种没问题，“培植”“采制”有提升空间，第一步纠偏工作堪称完美。不过，罗廪的私心已暴露无遗：陆羽是按地域谈茶，不是按茶名谈茶，后来问世的种种新茶名，陆羽怎么可能知道？

接下来，茶叶行家许次纾在《茶疏》中小心提议：“若歙之松罗，吴之虎丘，钱唐之龙井，香气浓郁，并可雁行，与岕颉颃。”战术尤为娴熟，许次纾并没有贸然将龙井与岕茶并列，他的策略是拿三种茶与岕茶抗衡，至少“香气浓郁”一项三者可以与岕茶“雁行”吧？如果遇到反弹，辩解的空间很宽裕：不颉颃了好吧？雁行可以吧？岕茶当领头雁好了吧？仔细品味“颉颃”这个词，许次纾不仅是茶叶行家，也是用词大

1 指陆羽。

师:“颉颃”既有“鸟上下飞”之意，也有“抗衡”之意。

这种信息传播开去的实际效果当然是四个冠军诞生了。但这四个冠军中，仅龙井与岕茶被有意反复评论，局面发生了变化。

熊明遇显然对这种“儒素之致”很不高兴，他在《罗岕茶疏》中冷冷地贬低龙井:“茶之色重、味重、香重者，俱非上品。松罗香重，六安味苦，而香与松罗同。天池亦有草莱气，龙井如之。至云雾则色重而味浓矣。”“草莱”即杂草，轻蔑之情跃然纸上。

他推崇虎丘，“尝啜虎丘茶，色白而香似婴儿肉，真精绝”。婴儿香即乳香，这种香气今天在福建岩茶中常见，但在明朝，散茶工艺刚刚诞生的时候，可能还是绝密工艺。这种香气在熊明遇看来是好茶的终极标准，岕茶当然最好。如果比较，大度的方式是拿最下等的岕茶和其他茶比。“若取青绿，则天池、松罗及岕之最下者，虽冬月，色亦如玉。至冬则嫩绿，味甘色淡，韵清气醇，嗅之亦有虎丘婴儿之致。而芝芬浮荡，则虎丘所无也。”

请留意，熊尚书不说岕茶永远不可超越，而说其他茶远不如虎丘，暗暗将龙井曾有过的并列第一的位置降到第三。

龙井与岕茶之争，现在通常的说法是结束在雍正年间。但我觉得并不准确。雍正《世宗宪皇帝朱批御旨》有载，“直隶全省提督”杨鲲曾上折，“敬捧皇上赏赐御磁一匣、岕茶二瓶到。当即出郊跪迎至署，恭设香案，望阙叩头谢恩祗受讫”。杨鲲后任疆臣之首的“直隶总督”，曾国藩、李鸿章都在这个位置上处理过国际重大事件。可以想象，岕茶的重要性在雍正朝的政治格局中有所透露。此时，岕茶的工艺绝不会失传或者走样。

尽管史书没有记载，但一定是乾隆罢贡后，岕茶工艺立刻湮灭。因为岕茶的复杂工艺（先蒸后焙）及其高额费用必须附着于贡茶这个体系。在岕茶与龙井之间，人人都知道乾隆“选择”了龙井并为龙井写了三十二首诗，并将庙前十八棵茶封为御茶。

但乾隆真的热爱龙井吗？我觉得这是一个可商榷的问题。据《清代贡茶研究》，清代贡茶中最大量的其实是普洱。皇家对此一直很沉默。茶人周重林推测："因为普洱是边远地方来的，他们一般都不对外说。"

浙江的贡茶中数量最大的也不是龙井，而是黄茶，黄茶仍然是作为烹制奶茶的主要原料进贡的。

在清宫工作的法国传教士蒋友仁在发给友人的信中说，乾隆"惯常的饮料是茶，或是用普通的水泡的茶，或是奶茶，或是多种茶放在一起研碎后经发酵并以种种方式配制出来的茶。经过配制的这些茶饮料大多口味极佳，其中好几种还有滋补作用，而且不会引起胃纳滞呆"。

熊明遇的书被禁、龙井腾飞、岕茶罢贡、岕茶工艺失传……这一系列事情不是偶然发生的。如果不是乾隆有意扰乱的"大明绝唱"中所蕴含的汉族茶道，我实在想不出还有其他什么原因。

喝好茶最快捷办法是先当个皇帝

一个诚恳的人，想要在中国喝上一杯好茶，就会面临一个巨大的困惑：为什么找到好茶那么难？没人会帮助这个诚恳的人——连茶商都不太愿意帮这个潜在的顾客一个忙。而如果换一个问题：我在哪里可以吃一顿好吃的？提供帮助的往往包括身边所有朋友，以及大量网上的善心人。

这两个问题本质上是一样的。而茶行业的沉默，仅仅说明它还不成熟。

虽然中国是茶的故乡，拥有博大精深的茶文化，出产许多名优茶，但确实没有以温柔的方式善待一个外行。一个茶叶的外行需要忍辱负重地学习植物学、土壤学、茶叶栽培学、育种学、加工学、病虫害防治、审评与检验，搜寻无数名茶的故事与传说……但是，为什么吃燕窝的人不需要学习飞禽交配与孵化技术？很简单，因为茶行业“水太深”，所以消费者“要提高保护自身的意识和能力”。

宋徽宗在《大观茶论》中的一段话曾经是品鉴好茶的标准之精髓：“凡芽如雀舌谷粒者为斗品，一枪一旗为拣芽，一枪二旗为次之，余斯为下。”也就是说：纯芽第一，一芽一叶次之，一芽两叶更次。但宋徽宗的这句话是有前提的，前提就是，他喝的茶都来自贡茶产区；而且，御茶园里制茶人的工艺无可挑剔。所以皇帝比我们轻松多了，无须学习茶叶审评与检验的学问。

从明代开始，外乡人没有一把尚方宝剑，去龙井产区，想买到真正的龙井茶不太容易。一百多年前来到中国买茶的英国人，同样面临身为茶叶外行的焦虑，而且焦虑更深，因为他们买的茶更多。

经济史专家陈慈玉的《生津解渴》一书记载，清代广东行商在装箱时采取投机的办法，将品质好的茶种放在箱子最上层与顶部，中间部分则放品质低的茶叶，而以好茶的价格出售。这种“混合茶”在伦敦时常遭受批评。但“混合茶”还不算离谱，更离谱的是以“废物”（比如其他树叶）代替茶的情形。对此，英商只能吩咐当地之管货人尽量购买低劣茶种中最高品级的茶，因为这类茶中国商人没必要再去掺假，也只有这类茶能避开树叶等“废物”。

为了找到好茶，英国人展开了研究。他们有很多发现，比如，中国出产好茶的地带，基本上都在北纬27°和31°之间，如果是高山还有云雾就更好了。

这方面的知识积累越来越多，直至英国诞生了品茶人（tea-taster）这一职位。

俄国人自19世纪末开始在中国内地购置茶园和茶厂。他们也发现，品茶师受人青睐，是茶叶定级的关键。他们是高收入的精英阶层，19世纪末，一个职业品茶师一个季度的收入约为7 500~10 000卢布，还不包括雇主额外的打点费。

俄国人感叹："如果从狡猾的中国人那里买到非正品茶叶，可能导致上万卢布的损失。茶叶鉴定系统是由英国人发明并完善的。鉴定在一间墙壁涂上黑色的、有特殊采光系统的房间进行。需要对很多数据进行评测：茶叶的色泽、形状、叶子捻度、香味等。在鉴定茶叶品质时甚至还需要考虑到从茶叶表面发出的光斑。"

实验室的规则如何应对中国幅员辽阔的茶产区的样品？从19世纪60年代起，雷氏洋行与洋泰洋行及其在广东、香港、福州、厦门和汉口的分店联合，时常交换茶的样品，以期建立一定的样品制度与评价体系。

这个评价体系让人眼花缭乱，很多人看不懂。我读过的一篇文章这样写道："和通过望、闻、味三种方法鉴定茶叶等级的中国方法不同，英国对红茶的等级有严密的9种分类，最差的叫‘S’等级，是指捻制后的茶叶，其形状特征是粗而圆，最高的叫‘SFTGFOP1’，是特级红茶。”

其实，英国茶叶鉴定体系分为“采摘等级”与“茶叶精制后等级”。宋徽宗所说的“一枪一旗”在“采摘等级”中叫作 Orange Pekoe（橙黄白毫）。“SFTGFOP1”最好，这没说的。所谓的“最差的叫‘S’等级”的，全名叫 Souchong，即“小种”，是芽尖下数第四叶，几乎全是机器采收，供应低价市场。但“S”只是“全叶等级”中最差的，其他还有“碎叶等级”“细碎叶等级”与“粉末状等级”，最后这个等级主要用于袋泡茶。

英国的茶叶鉴定体系较好解决了原产地保护的问题。比如说龙井产区种植的茶，在龙井炒制，叫 PDO（Protected Designation of Origin）。在龙井炒制，在周围收购的叫 PGI（Protected Geographical Indication）。

所谓好茶，无非是品种加产地加工艺。商业摆脱了良心比赛，才真正开始了平等竞争。

乾隆

水之玄理终结者

张又新在《煎茶水记》一文列举了天下各类水的等级，最后一名是雪水："雪水第二十，用雪不可太冷。"但这排名末位的雪水，后来居上，逐步攀升，谁能想得到？

1107年的水质国家标准，由宋徽宗在《大观茶论》发布："水以清、轻、甘、洁为美。"结果，这个标准一用上千年，没人敢出修订版。

可能首先要解释这里的"甘"。那些一生终老于上帝眷恋之地的人们啊，你们并不知道水的真正滋味。曾经老北京的井有"三甜七苦"的说法，大部分的井水都是苦涩的。甜水太贵，人们一般购买不同的井水，将甜水与苦水掺着喝。甜水井周边，往往是富贵之家。

“清”与“洁”分开，可能也让人不解：“清”不就是“洁”吗？其实不是。“清”指的是清亮透明，“洁”指的是卫生无菌。田艺蘅《煮泉小品》提到过：“泉往往有伏流沙土中者，挹之不竭即可食。不然则渗潴之潦耳，虽清勿食。”就是说有源头的活水细菌较少，而地下慢慢渗出来的水，卫生状况堪忧。

“轻”是什么意思？指的是水软——不含可溶性钙、镁化合物，或含量较少。古人当然不知道钙、镁离子的存在，但通过品尝，知道软水泡茶，味道会更好。初中物理告诉我们，可以通过蒸馏将水质变软。雨水与雪水都是地表水蒸发形成的，也比较软。

我们在《红楼梦》里就读到了那段对雨水雪水的赞美篇章。贾母喝茶，妙玉呈上的是“旧年蠲的雨水”，贾母喝了让刘姥姥喝点，刘姥姥觉得淡。妙玉一定是心烦了，拉钗黛与宝玉到耳房喝茶。黛玉喝了后问："这也是旧年的雨水？"妙玉冷笑道："你这么个人，竟是大俗人，连水也尝不出来。这是五年前我在玄墓蟠香寺住着，收的梅花上的雪，共得了那鬼脸青的花瓮一瓮，总舍不得吃，埋在地下，今年夏天才开了。我只吃过一回，这是第二回了。你怎么尝不出来？隔年蠲的雨水那有这样轻浮，如何吃得。"

所谓"三代为宦，方知穿衣吃饭"。林黛玉父亲官不小，但林黛玉并未接受完整家教，可能在贾府的人看来，"穿衣吃饭"的真知识还不够。但在处于歧视链顶端的妙玉看来，贾府上百年累世富贵也不过无根烟云。水的"轻浮"自然有道理，俗人不懂，以为很玄。不过讲究到"五年陈""梅花雪"，可能已经归入玄学了吧。

《金瓶梅》里的西门庆家庭应该俗一点。但潘金莲也懂水，吩咐春梅"叫他另拿小壶儿，顿些甜水茶儿，多着些茶叶，顿的苦艳艳我吃"。月娘低调，用水极有格调:“教小玉拿着茶罐，亲自扫雪，烹江南凤团雀舌芽茶。”

可见到了明清，唐宋专家对水的认识已经在民间扎根了。

乾隆爱茶，无疑享用了汉族积累千年的饮水知识，我们从他的诗题就明白他对水并不陌生。他在《烹雪》一诗中写过:“独有普洱号刚坚，清标未足夸雀舌。点成一碗金茎露，品泉陆羽应惭拙。”乾隆喝的很可能是奶茶，所以对茶的要求是“浓强鲜”，这方面普洱当然更符合口味。但他觉得自己更高明，要求陆羽“应惭拙”，有点过了——乾隆知其然不知其所以然，茶叶知识不如妙玉，却更为咄咄逼人，这不像个茶人。

乾隆在《坐千尺雪烹茶作》一诗中再次与陆羽奋力辩驳:“泉水终弗如雪水，从来天上洁且轻。高下品诚定乎此，惜未质之陆羽经。”可见乾隆对《大观茶论》读透了，对水的标准了如指掌。但他却不明白陆羽不一定参与了天下名水二十品的大型鉴定会，非要与人家辩论。

当雪水不够用，乾隆开始自己鉴定泉水。南巡路过镇江时，他曾专门去品尝中泠泉。中泠泉被唐朝品水专家刘伯刍排为第一，张又新说陆羽将中泠泉列为第七。争强好胜的乾隆品尝完后，念念不忘，写了两篇诗文盛赞中泠泉:《御制试中泠泉作》《壬午仲春月中澥试中泠泉作》。

自认为已经在茶与水的学术问题上超过了陆羽之后，乾隆决定做一点实事。他让太监特制一个银质量斗（当然还可以验验毒），用来称量全国各处送到京城来的名泉水样，其结果是：京师玉泉之水，斗重一两；塞上伊逊之水，亦斗重一两；济南之珍珠泉，斗重一两二厘；扬子江金山泉，斗重一两二厘。这里的“重”，现在说来就是比重。不过请注意，“一两二厘”被有些书错误写成“一两二钱”，“厘”是比“钱”更小的单位，乾隆科学实验水平并不低。

在玉泉山“裂帛湖”畔，乾隆刻下了《玉泉山天下第一泉记》：“则凡出于山下而有冽者，诚无过京师之玉泉。故定为天下第一泉。”有点鉴定完毕的意思。从某种意义上说，唐宋品水名家的玄理、明清茶人的品鉴，到乾隆这里，被他的这次物理课小实验终结了。

而今天，什么实验都不用做了。茶会上经常能见到TDS水质检测笔，快捷方便，淘宝有售——关于水，夫复何言？

等级森严的水

陆羽在《茶经·五之煮》中说:“其水,用山水上,江水中,井水下。”其他并没有多讲。但是,我们经常听说的陆羽品评“天下第一泉”是怎么回事?

而且,“天下第二泉”无锡惠泉,可是哺育了伟大音乐作品《二泉映月》啊。如果世界上没有这个“水单”,“二泉映月”的“二”就只能被解释成“二胡”之“二”了,那音乐会的门票怕是不好卖了吧?

陆羽品水出自唐朝张又新的《煎茶水记》,里面讲了一个故事,令人惊奇。官员李季卿赴任途中,在维扬见到了陆羽。李季卿久闻陆羽之名,欣然邀其同行。在扬子驿吃饭前，李季卿说：“陆君善于茶，盖天下闻名矣。况扬子南零水又殊绝。今日二妙千载一遇，何旷之乎！”陆羽品茶天下第一，扬子南零水特别少见，“二妙千载一遇”这话说得就不恰当，陆羽经常去品好水，常见。“何旷之乎”就是说，他自己不想浪费这个机遇。

李季卿让一个严谨诚信的士兵携水瓶到南零取水，陆羽这边则备了最好的茶器严阵以待。士兵取水归来，陆羽“用勺扬其水”，说：“江水倒是江水，但不是南零水，像是岸边的水。”军士分辩道：“我驾船深入江中，几百人都见到了，敢虚绐乎（怎么可能有假）？”陆羽一声不响，将水倒掉一半后，用勺扬了扬剩下的水，点头说道：“这才是南零水矣！”士兵听此言，吓得跌倒在地。许久他才承认，回岸边时因颠簸，水晃出了一半，怕不够，是用岸边的水加满的，没想到被识破。他感叹：“处士之鉴，神鉴也！”举座皆服。而后，李季卿向陆羽请教各地水质优劣，于是有了传世的二十等水。其中，庐山康王谷水帘水第一，无锡县惠山寺石泉水第二，扬子江南零水第七，雪水第二十。

张又新这个故事一千多年来传诵不绝。我个人觉得这个故事可能来自《列子·说符》，白公问曰：“若以水投水何如？”意思是同类事物在一起难以分辨。孔子曰：“淄渑之合，易牙尝而知之。”意思是将山东淄水、河南渑水两条河的水混合起来，易牙也能将其分辨出来。

宋朝大家欧阳修不相信张又新的说法，他专门写了一篇《大明水记》谈自己的想法。他认为，名单中“江水居山水上，井水居江水上”的排列方式与陆羽自己的“山水上，江水中，井水下”原则不符，他尤其觉得：“其述羽辨南零岸水，特怪诞甚妄也。水味有美恶而已，欲求天下之水一一而次第之者，妄说也。”水有好坏，但精确到可以给天下的水打分，狂妄了。

《唐书》记载，李季卿宣慰江南，有人推荐陆羽，召之。陆羽穿着棉麻类的茶服携带茶具进来，李季卿看不惯不穿名牌服装的人，对他很轻慢。陆羽也不高兴，回去便写下了《毁茶论》。真实的历史总是让人无语。

主修《新唐书》的欧阳修也爱茶，但他的爱我们能感觉到是一种历史学家的爱。如果要在这种爱之前加上一个限定短语，我猜应该是“太阳底下本无新鲜事”。

陆游在《入蜀记》中记载，当地官员史志道送给他谷帘水（就是排名第一的庐山康王谷水帘水）。陆游赞叹：“真绝品也。甘腴清冷，具备诸美。前辈或斥水品以为不可信，水品固不必尽当。至谷帘泉，卓然非惠山所及，则亦不可诬也。”也就是说，张又新的说法当时是被排斥的，但陆游认为，至少名单排列顺序是有些道理的。

明代田艺蘅的《煮泉小品》也是研究水的，他认为“泉非石出者必不佳”，这与陆羽的原则暗合。田艺蘅还从更早的《楚辞》中找到根据：“饮石泉兮荫松柏。”

也就是说，要饮就要饮“石泉”，而且饮法有讲究，泉水“流远则味淡，需深潭停蓄以复其味，乃可食”。

明人张岱根据这个理论，讲了个新故事。他曾拜访当时著名茶人闵汶水，于是就有了如下对话，万古流芳：

> 余问：“水何水？”曰：“惠泉。”余又曰：“莫绐余！惠泉走千里，水劳而圭角不动，何也？”汶水曰：“不复敢隐。其取惠水，必淘井，静夜候新泉至，旋汲之，山石磊磊藉瓮底，舟非风则勿行。故水之生磊，即寻常惠水犹逊一头地，况他水耶！”

这里讲的是名列第二的无锡县惠山寺石泉水。第一次读张岱这篇《闵老子茶》，读者都会受到不同程度的惊吓。但从以上罗列的历史资料看，张岱此文的写法颇值得玩味。首先，故事结构太像，连欺骗这个词与张又新都是用“给”来表达；其次，“淘井”的说法与《茶经》相似：“又水流于山谷者，澄浸不泄，自火天至霜郊以前，或潜龙畜毒于其间，饮者可决之，以流其恶，使新泉涓涓然，酌之。”陆羽这段文字引用率不高，可能是因为“潜龙畜毒”这个迷信说法在欧阳修等大家那里遭冷遇。而张岱是运用文字的大家，将历来品水的文字融会贯通，才创作出这篇湛然一新的杰作。

在网上搜索这个名单的时候，顺序与名字往往会被热爱当地风土的编辑调换。下面是张又新的名单：

> 庐山康王谷水帘水第一；
>
> 无锡县惠山寺石泉水第二；
>
> 蕲州兰溪石下水第三；
>
> 峡州扇子山下有石突然，泄水独清冷，状如龟形，俗云虾蟆口水，第四；
>
> 苏州虎丘寺石泉水第五；

庐山招贤寺下方桥潭水第六；

扬子江南零水第七；

洪州西山西东瀑布水第八；

唐州柏岩县淮水源第九，淮水亦佳；

庐州龙池山岭水第十；

丹阳县观音寺水第十一；

扬州大明寺水第十二；

汉江金州上游中零水第十三；

归州玉虚洞下香溪水第十四；

商州武关西洛水第十五；

吴松江水第十六；

天台山西南峰千丈瀑布水第十七；

郴州圆泉水第十八；

桐庐严陵滩水第十九；

雪水第二十。

为了买中国茶，美国人杀光了太平洋的海豹和海獭

各路明星在公益广告中频频教育我们要保护环境，因为环境已经被破坏得相当严重了，尤其在现代科技的加持下，人类活动正在造成物种的大规模灭绝。在这之前，我们似乎一直跟这个世界相处得很好，“道法自然”，“天人合一”。

“其实这个世界上非常多的物种是我们祖先在旧石器时代灭绝的。”国家博物馆的袁硕说。从最北端的阿拉斯加，到最南端的潘帕斯草原，我们的祖先智人用两千年的时间血洗了整个美洲，从而使人类成为世界上分布最广的一个物种。

埃里克·多林在《美国和中国最初的相遇》一书里说，美国人建国不久就开始与中国进行热络的商业往来。为了买中国的茶叶，他们几乎砍光了夏威夷和斐济的檀香树，杀光了太平洋上所有的海豹和海獭。他们继续在全世界找海豹，于是发现了南极……

按照中国统治者心目中“士农工商”的等级顺序，商业是最不重要的，所以商业信息往往被冷淡处理。这本美国人的书可以说重新搭起了理解中国商业的骨架——我们根据这本书，都能小规模地重新理解中国了。

在中学教科书里，中国对外贸易史约等于中英战争史，这个角度未免狭隘了。如果我们从美国的角度来看，中国形象就突然变得立体多了。

大英帝国推行百分之百的茶叶税让北美人无比厌烦。1773年，东印度公司账上很不好看，于是想起了在北美倾销低价茶叶，波士顿倾茶事件继而发生。一场仗打下来，1776年美国立国。

1784年2月22日，华盛顿生日，美国商船“中国皇后”号从纽约起航开往中国。1784年8月，“中国皇后”号抵达广州。你不得不惊叹商人的效率。

按照中英商业史的说法，中国的茶叶掏空了英国国库的白银，这是对的。但说中国人不买英国货，这就不对了。说中国人穷，买不起西餐餐具和曼彻斯特的纺织品，更让人顿感烦躁。

“中国皇后”号在广州黄埔码头卸下来的主力商品“242桶，约30吨”西洋参，补气养阴，清热生津，非常好卖！此外，美国人捎来的海豹皮、海獭皮、檀香树、海参销量也很不错。可以说，中国用从全世界赚来的白银，让这个新国家迅速发展起来。

美国人威廉·亨特（William C. Hunter）在他写的《广州番鬼录》里，说十三行的行商专业、诚恳、守信。行商伍浩官在美国商人资金短缺的情况下，赊账给美国人提供茶叶。

这与英国人笔下的中国人贪婪、狭隘、不懂经商的形象完全不同。

我们换另外一个时间点来观察英国人。1793年，也就是乾隆五十八年，英国马戛尔尼使团以为乾隆帝祝寿的名义来到中国。英国人已经来晚了，因为“中国皇后”号十年前就满载茶叶离开了广州。

前一年，1792年，俄国参议院向在恰克图经商的人们宣布了中俄双边贸易开启。

实际上，早在雅克萨之战结束的1689年（旧账不隔年，生意人精神可嘉），生意就立刻开始了。俄国人换茶叶的主要商品是什么？毛皮。但俄人如何应对康熙帝要求俄方使节下跪的陋习？历史学家张鸣发现，中俄《尼布楚条约》规定，双方使臣来往，俄国使臣跪中国皇帝，中国使臣也跪俄国沙皇。后面一条有意被清政府小心翼翼地隐瞒起来。在清朝，俄国其实是跟其他国家不一样的，他们被放在理藩院来管。俄国悄悄地被视为同等对待的王朝，而非进贡的番邦。

再往前看，1541年（嘉靖二十年），蒙古俺答汗在多次遣使要求开放朝贡贸易，以实现“永不相犯”的和好局面。嘉靖皇帝奇怪地生气了，不仅羁留使节，还大悬赏格求购俺答汗的首级。俺答汗觉得不可思议，再派使节详细说明诚意。这次嘉靖皇帝明确表达了自己的意思，将使节施了磔刑，俗称凌迟，还“传首九边”。

于是，俺答汗大致明白了嘉靖这个人是个什么情况，连年发兵问候。嘉靖二十年，他率十万精兵围攻北京，史称庚戌之变。这一次，俺答汗将商业这件大好事又详细介绍了一遍：“贡道通则两利，不通则两害。”

20世纪60年代才发现的珍贵史诗《阿勒坦汗传》[1]如此吟唱：

---

1 阿勒坦汗即俺答汗。

闻讯外敌来犯之后，
汉国的守军出而堵截沟口[1]，
刚强力大之僧格诺延身先破阵，
携带奇迹般大量掳获之物而还营。

复至大明皇城外将其围攻，
将来战之军消耗殆尽，
大国之众又欢然掳掠后，
勒紧金缰敛兵各自回营。

其后汉国大明汗慑于普尊阿勒坦汗之威名，
派来名为杨兀札克之人，
谓“相互为害不能杀绝斩尽，
故不如和好往来买卖通贡”。

1 估计是密云、怀柔那边的黄榆沟。

“杨兀札克”是汉人杨增的蒙古名字，他说话有点水平。意思大致是说，斩尽杀绝是咱们人类对付动物的办法，人类自己还是做生意的好。

1551年（嘉靖三十年），明朝被迫开放宣府、大同等地与蒙古进行马匹交易。蒙古如愿以偿地拿到了茶叶。刚刚出版的《俄罗斯的中国茶时代》透露，1638年，蒙古人送给罗曼诺夫沙皇的礼物就是茶。

从俺答汗、俄国、美国与中国打交道的方式来看，对商业充满警惕的中国朝廷一直在变，但双赢的局面维持了很多年。

打破平衡的是后来者，懵懂的英国人。他们自以为是文明大国，采取的却是草原民族的外交方式。值得叹息的是，英国劫掠、保存了大量当时的外交商业文献，中国人打开国门那一瞬间的形象被他们掌握并固定了，一直被歪曲传播了两百多年。

卖过鸦片吗？世界首富伍秉鉴

1

2001年，美国《华尔街日报》（亚洲版）在“纵横千年”专辑中列举了一千年来世界上最富有的50个人，有6名中国人上榜，分别是成吉思汗、忽必烈、刘瑾、和珅、伍秉鉴和宋子文。其中介绍伍秉鉴的文字是这样的：

> 浩官（又名伍秉鉴）（1769—1843）
>
> 职业：商人
>
> 财富来源：进口、出口、钱庄

资产：千万银圆

入选原因：他那个时代最富的商人

伍秉鉴的父亲是当时中国少数被允许与外国人交易丝和瓷器的商人之一。伍家只接受白银的付款，也不是所有的外国商品都要。1789年，伍秉鉴接管了父亲的生意。他还是公认的慈善家。

不过，这个名单很不严谨，没有提及伍家主要的出口货物——茶。名单中出现宋子文更是成问题。1985年，美国作家斯特林·西格雷夫出版的畅销书《宋家王朝》提到："宋家王朝聚集了这个时代最大财富的一部分，《不列颠百科全书》称：'据说他是地球上最富有的人。'"

西格雷夫在注释里说明，这其实是日本在战时制造的谣言。宋子文研究专家吴景平教授、美国底特律大学政治系学者戴鸿超、胡佛研究所的郭岱君博士均认为，宋子文有那么多钱的可能性不大。

从1947年傅斯年那篇暴躁异常的《这个样子的宋子文非走开不可》一文可以发现，热爱收集政界秘闻但又缺乏金融常识的傅斯年，并没有能力将宋子文推行的统制经济及政府多次授意银行拒绝兑付的恶劣事件[1]与他个人的财务状况分开来谈。

虽然《华尔街日报》亚洲版编辑水平有限（撰稿人未必翻完了那本通俗书《宋家王朝》），但推出十三行行商伍秉鉴还算有眼光——当然伍秉鉴的事迹在1882年出版的畅销书《广州番鬼录》里已经被大书特书了——毕竟当代中国人了解他的并不太多。尤其是与另外四位大佬相比，他的钱既不是抢劫来的，也不是从国库里偷来的。

伍秉鉴与十三行很多行商一样，祖上为福建茶农。从1700年左右至1842年，十三行的生意占了中外贸易的很大部分。但必须补充的是，与多数历史书

1　1927年，国民党政府命令武汉银行界停止兑付现金时，宋子文任财政部长。

的说法相反，广州“一口通商”的说法事实上并不准确。据蒋祖缘、方志钦《简明广东史》，乾隆二十二年（1757年），清廷决定封闭闽、浙、江三海关，仅留粤海一关对外通商。这个政策从乾隆二十二年延续到道光二十二年（1842年），一共85年。

据伊万·索科洛夫·阿列克谢耶维奇的新书《俄罗斯的中国茶时代》介绍，1792年，俄国参议院向在恰克图经商的人们宣布了双边贸易的开启（之前贸易已经进行了上百年）。恰克图贸易同样以茶为重心，主导者则是晋商。也就是说，即使是在严格意义上的“一口通商”期间，北边的茶叶贸易仍在进行。

所以可以说，伍秉鉴成为世界首富，靠的不仅仅是在“一口通商”的广州进行特许经营。十三行与全世界贸易的主要货物为茶叶，伍秉鉴之所以获得显赫地位，取决于他的茶叶质量与商业智慧。

2

据与伍秉鉴打过交道的《广州番鬼录》作者、美国商人亨特回忆：

> 浩官（伍家经商用名）究竟有多少财产，是大家常常谈论的话题；但有一次，因提到他在稻田、房产、店铺、钱庄，以及在美国、英国船上的货物等各种各样的投资，在1834年，他计算一下，共约值2600万元。

这里的“元”有三种解读：美元、一两白银或墨西哥鹰洋。明清史经济学家黄启臣教授估算，这个“2600万元”相当于今天的50亿美元。

更多的故事提到他的慷慨，比如撕了某个欠账商人的期票，让他回美国与家人团聚；手下人擅自做期货生意亏本，他谴责之余，自己承担了损失。

但十三行并不好做。曾被一些媒体称为18世纪全球首富的十三行总商潘启，就无法忍受长期恶劣的经商环境与朝廷的苛敛勒索。1808年，潘启之子潘有度以10万银两贿赂粤海关监督，辞去总商职务。潘有度刻意不培养儿子经商。

十三行商人生活在非常具体的历史环境中，一举一动关系到国家命运。他们不仅要担保洋商遵守中国法律，当中外冲突发生的时候，还要承担外交事务。

在对外贸易争端发生的时候，乾隆用连坐的方式管理十三行的国际贸易商人。某个商人经营失败，他的债务必须由其他商人代还。为了面子，乾隆会强迫中国商人加倍赔偿。

身处这种体制之下的伍秉鉴，想的是什么呢？《广州番鬼录》记载，这位老先生喜欢把自己和著名的巴林公司做比较。在他的一生里，他一直与国际上的大公司竞争实力与信誉。他投资美国的铁路、银行、保险等多个行业，1858—1879年间，伍家就收到了超过125万美元的红利。

道光十八年（1838年），林则徐入粤禁烟。林则徐通过伍秉鉴传递书信，请教过美国医生伯驾（Peter Parker）如何治疗鸦片瘾的问题。

林则徐向道光提出的与洋人抗衡的诸多策略中，提到过茶叶。林则徐认为洋人嗜吃牛羊肉，若无从我国进口的大黄、茶叶以辅食，将会消化不良而死。这一点林则徐应该没有与茶商伍秉鉴交流过。

林则徐不与洋商直接沟通，传讯伍秉鉴之子伍崇曜等十三行商人，让他们劝洋人交出鸦片，并声称要将一二中国商人正法。十三行商人只是担保与协调人，缺乏对洋商施压的能力。

伍崇曜表示愿"以家资报效"[1]，林则徐说出了那句震耳欲聋的话："本大臣不要钱，要你的脑袋尔！"将伍崇曜拘捕起来。

1　这句话被许多文章曲解为行贿林则徐本人。但查看历史可知，从乾隆三十八年（1773年）至道光十二年（1832年）这60年中，行商向政府"报效"就有18次，伍崇曜只是照本宣科。

年已七旬的伍秉鉴约潘启之孙潘正炜一起去疏通，林则徐痛斥伍秉鉴，并将二人戴上锁链，令士兵押送前往宝顺洋馆，让鸦片商颠地交纳鸦片。伍秉鉴"苦苦哀求，指着自己丢了顶戴的帽子和脖上的锁链说，如果颠地不进城，他肯定会被处死"。据说，颠地住所的灯熄灭了。

也许有人觉得林则徐如此对待伍秉鉴有些过分，其实，朝廷对待伍家的方式历来如此。

1831年5月，粤督巡抚偕同海关监督巡视夷馆，以馆前有所营建，怒捕伍秉鉴之子、十三行总商伍元华入狱。广东巡抚朱桂桢表示，英国人在商馆搭建的栏杆等侵犯了中国主权，因此要砍掉负担保责任的总商伍元华的脑袋。

《东印度公司对华贸易编年史》记载了当时现场场景："抚院及海关监督阁下……对商馆进行袭击……撕下英伦国王画像的覆盖物……以监禁与死刑威胁总商，迫使他与其他在场者跪地一小时以上。"据说伍元华此后又数次入狱。

伍元华出狱后一病不起，弟弟伍绍荣接替担任十三行公行总商。

林则徐并没有杀掉伍秉鉴。1839年6月，虎门销烟。7月，林则徐还去伯驾开设的医院里治疗疝气，这家医院是伍秉鉴帮助伯驾开设的。

余光中在《鸦片战争与疝气》一文中提到这段历史："那年七月，洋行买办侯瓜带来林则徐的一封信，要派克配药给他医疝。"余光中读的应该是英文材料，"侯瓜"应该就是伍秉鉴经商用名伍浩官的英译Howqua。

不过，谈及治疗过程，还是美国学者约翰·海达德所著《初闯中国》一书描写最为准确并耐人寻味："林则徐手下几个人来医院，请伯驾治疗一位匿名的疝气病人。伯驾为这个神秘的先生做了一根疝带，而这根疝带又刚好符合林先生的腹股部尺寸。"

这个神秘的过程，余光中的解释颇为贴切："疝气俗称小肠气，我国幼婴常因患上百日咳而得了疝气。此病我小时就患过，后因开刀根治，当然不是什么不可告人的隐疾。不过钦差大臣生了疝气，却也不便张扬……”

平静的日子不长。第二年6月，英国远征军封锁广州、厦门等处的海口，截断中国的海外贸易。7月攻占浙江定海。8月，英舰抵达天津大沽口外。20日，道光帝批答英国书，令琦善转告英人，允许通商并惩办林则徐，以此求得英舰撤至广州，并派琦善南下广州谈判。

3

此前，林则徐对英军入侵的预测是这样的：“英国要攻中国，无非乘船而来，它要是敢入内河，一则潮退水浅，船胶膨裂，再则伙食不足，三则军火不继，犹如鱼躺在干河上，白来送死。”（《林则徐集·奏稿》）

可惜他嘱托魏源编著的《海国图志》出版晚于鸦

片战争。林则徐被范文澜先生称为“近代开眼看世界第一人”，但他应该不知道三百年前西班牙殖民者皮萨罗率领169名士兵就征服了600万人口的印加帝国；1757年6月23日，东印度公司以22人死亡53人受伤的代价击溃孟加拉的7万大军。

并非没有人对政局有清醒的预测。亨特的《旧中国杂记》一书里说，英国人发动第一次鸦片战争前，说他们这次一定要见到天子。伍秉鉴说，天子一定会去山西。亨特认为这是他一生中讲的唯一一个笑话。

六十年后，八国联军进京，光绪与慈禧往西逃亡，历时一年四个月，史称“西狩”。他们果然经过了山西。《庚子西行记》等书记载，晋商很早就得到了消息，准备接驾。慈禧在山西待了五十多天，这是她自从八国联军对华开战以来过得最舒坦的一段日子。

这些事情，六十年前就被伍秉鉴以他特有的眼光预见到了。

咸丰七年（1857年），20万“洪兵”与英法联军南北夹击广州城。广州守军只有1.5万人（伍秉鉴已去世，此时伍崇曜募集400名壮勇参与守城）。1858年底，英法联军攻陷广州，英国领事巴夏礼带兵抓住了两广总督叶名琛。伍崇曜由广东巡抚柏贵派遣与英军议和。伍崇曜往来奔走效力，还挨过巴夏礼一记耳光……三千年未有之大变局里，什么事不会发生？不久之后，巴夏礼在“每天可繁殖1000只蛆”的刑部大牢里幸存下来；两广总督叶名琛在加尔各答的牢房里绝食而死。晋商倒闭，后人颇多吸食鸦片荡尽家产；十三行没落，东印度公司覆灭。幸运的是林则徐，他在新疆重视实地考察与资料收集，提醒当局中国的忧患不在英国而在俄国，后来他的御俄之志由左宗棠实现了……

4

今天，尽管不少人以艳羡的语气谈论伍秉鉴的财富，但在各种叙述中，伍秉鉴也因与鸦片“有关”而一直被很多叙述者攻击。有人隐约其词，有人直面呵斥，不过这些叙述并没有证据——那么我们直面这个问题：伍秉鉴究竟有没有买卖过鸦片？

1821年，刚刚登基的道光以“知情不报”的罪名摘取十三行行商首领伍秉鉴三品顶戴花翎。据《清实录》记载：

> 又谕。阮元奏，请将徇隐夹带鸦片之洋商摘去顶戴一摺。鸦片流传内地，最为人心风俗之害。夷船私贩偷销，例有明禁。该洋商伍敦元并不随时禀办，与众商通同徇隐，情弊显然。著伍敦元所得议叙三品顶戴即行摘去，以示惩儆。仍责令率同众洋商实力稽查，如果经理得宜，鸦片渐次杜绝，再行奏请赏还顶戴；倘仍前疲玩，或通同舞弊，即分别从重治罪。

伍敦元即伍秉鉴，他的问题在于“不随时禀办，与众商通同徇隐，情弊显然”。大多数认为伍秉鉴与鸦片有关的言论，源头都是此段文字。

在此有必要介绍一下当时鸦片在国内的消费场景。

暹罗、爪哇一直向明皇室进贡鸦片，《大明会典》记载为“乌香”。1958年，考古学家发掘定陵地宫，经过科学化验，他们发现万历骨殖中含有较重的吗啡成分——偶尔服食过鸦片不可能留下这样的记录，这证明他是一位经常服食鸦片的瘾君子。

徐朔方认为，汤显祖在《香山验香所采香口号》一诗中提到明朝皇帝在澳门采购阿芙蓉一事：

> 不绝如丝戏海龙，
> 大鱼春涨吐芙蓉。
> 千金一片浑闲事，
> 愿得为云护九重。

据北京大学历史系教授房德邻《封疆大吏与晚

清变局》记载，清朝从雍正起就严令禁烟，但禁而不绝。至道光朝，吸食鸦片现象相当普遍。据《蓉城闲话》记载，道光皇帝也曾吸（鸦片）烟成瘾。道光著《养正书屋全集》中有一篇《赐香雪梨恭记》，就是记述吸烟的经过和体会的。文中说："新韶多暇，独坐小斋，复值新雪初晴，园林风日佳丽，日惟研朱读史，外无所事，倦则命仆炊烟管吸之再三，顿觉心神清朗，耳目怡然。昔人谓之酒有全德，我今称烟曰如意。嘻！"这是道光皇帝即位以前的事。

徐珂《清稗类钞》记载："文宗初立，亦常吸，呼为益寿如意膏，又曰紫霞膏。及粤寇事急，宵旰焦劳，恒以此自遣。咸丰庚申，英法联军入京，文宗狩热河，有汲汲顾景之势，更沉溺于是，故孝钦后亦沾染焉。"文宗即咸丰，孝钦后即慈禧。慈禧到去世那天都处于戒烟的痛苦中。封疆大吏中，张之洞、刘坤一都吸食鸦片（袁伟时《晚清大变局》），刘坤一烟瘾极大："日吸鸦片二三两，惟于午、未、申三时始能勉强起坐办事。”

中国第一历史档案馆研究员李国荣、覃波在《帝国商行》一书中认为，从清代档案看，并没有行商贩卖鸦片的记录。

据英方档案《东印度公司对华贸易编年史》明确记载：没有一位广州行商与鸦片有关，他们无论用什么方式，都不愿意做这件事。英国人的鸦片是通过澳门商人先官与自由商进行贸易的。编年史的另一处记载也可作为补充证据：“1815年春天，澳门的几个鸦片烟贩被捕。”

美国商人亨特在《广州番鬼录》中也写道：“当鸦片贸易进行时期，经常讨论到做这种贸易的道德，以及中国人吸烟的后果问题。没有一个行商愿意去干这种买卖，几家外国行号凭着良心不从事这种交易。”而亨特所属的美国旗昌行是昧着良心买卖鸦片的，这从侧面证明他的话可信度很高。

原因很简单，享受正常贸易带来的巨大利润近百年的行商，长期遭受官方各种名目的勒索与摊派，根本不敢接近鸦片给官方以口实。东印度公司档案记载，1817年，美国商船走私鸦片被官府查获，有担保责任的伍浩官被罚款16万两白银，其他行商被罚5000两。罚金相当于鸦片价值的50倍。

如何看待这个事实呢？覃波研究员认为，从罚款的事实来看，伍秉鉴根本不敢涉足鸦片贸易。

财经作家吴晓波从罚款的事实大胆猜测："怡和行即便没有直接参与鸦片业务，也至少起到了掩护和包庇的作用。"

吴晓波在《浩荡两千年》一书中写道："更多资料显示，伍秉鉴对鸦片泛滥难辞其咎。"这些资料是什么呢？"由他一手扶持起来的怡和、宝顺和旗昌三大洋行正是鸦片生意的最大从事者。"三大洋行有问题，他们的朋友一定脱不了干系，这大约也还是乾隆的连坐思路吧。

据历史文献，与鸦片贸易有关的是沿海各省走私商人、海关官吏家人、个别水师巡船。常见的运输工具是快蟹船，后来外国走私商人参与进来，运输工具是配备枪炮的飞剪船。虽说是走私，但都是光天化日之下进行，绝不是什么洋人“夹带”鸦片——那只是官员应付皇帝的话。张鸣《开国之惑》一书有较直观的描述，细节跃然纸上：

> 在伶仃洋、黄埔洋面上，人们经常会看到这样一幅动态的画面，走私鸦片的飞剪船在前面走，水师的船在后面追，无论怎么跑，怎么追，但都会保持一定的距离。如果水师的船被拉远了，飞剪船还会等一等。就这样，前面跑，后面追，追到外海，后面的水师船放上几炮，鸦片船回几炮，都是空炮，像是在互相敬礼，然后回头。这场戏是给岸上的满大人看的，你看，人家的船快，我们的船慢，追不上，不赖我们。

在这种公开销售鸦片的环境中，行商很难包庇或者掩护什么——首先，行商是垄断贸易，与走私贸易势如水火，互不往来；其次，在那种阴险狡诈与胆大妄为的闹剧里，商总伍秉鉴帮不了忙，也插不了手。

5

刘广京先生掌握伍秉鉴的很多文献，不过刘广京先生2006年已归道山，相关著述尚未问世。哈佛大学保留有伍秉鉴写给各国商人的信件，这些信件所勾勒出的真实情景让人深感意外。美国杜克大学历史系教授穆素洁研究过这些信件，他在一次演讲中透露：

> 伍氏利用詹姆塞特吉（Jamsetjee）在孟买作为他的一名定期服务的代理商，负责在印度经营贸易业务，并用孟加拉汇票清算。在信件中，伍氏曾就作为从印度进口的主要商货原棉供应问题委婉地提及“商品中的投机买卖”。从给詹姆塞特吉

的这些信件中表明他很可能还贩卖鸦片。

这里的“孟加拉汇票”值得留意，在清朝，政府与商人只接受银子的大环境下，有极少量商人开始使用“汇票”。十三行中，仅有潘家与伍家使用过“汇票”，并因此躲过朝廷的勒索，侥幸存活下来。建筑大师莫伯治在《莫伯治文集》中发现：

> 乾隆三十七年（1772年）潘启为支付几个伦敦商人一笔巨款，要公司将是年生丝合约的货款用伦敦汇票支付，此次交易，是比较露面的交易。在这期间清政府只知鸦片专利，对一般商人的经营款项，还未加管制，潘启趁此空隙，将其国内大批货款，汇去伦敦。此事仅做过一次，而且甚为秘密，除去其合法继承人潘有度外，另无人知晓。

熟练运用汇票的伍秉鉴与鸦片之间的真实关系是

怎样的？《初闯中国》一书透露：

1817年，珀金斯致信常驻土耳其士麦那的弗雷德·潘恩说，“我们的朋友伍秉鉴”与库欣“用强有力的措辞建议，我们大量购进鸦片”。

2015年出版的《黄金圈住地》作者雅克·当斯在书中明确地说，珀金斯洋行1819—1827年的账本中有一个账本名为“珀金斯洋行与浩官的鸦片账目”（*Perkins & Co.and Houqua Opium Account Current*），他说：“这显示出浩官在1821年前一直持续在毒品中投入精力。”（“It appears that Howqua continued investing in the drug until about 1821.”）

此书其他段落显示伍秉鉴的合作伙伴“顾盛通过波士顿联盟的关系把自己和浩官的资金全部投资到鸦片贸易中，他还帮忙决定从土耳其进口鸦片的数量”。

“他就管理浩官在海外的生意……并且将浩官的

资金从美国经伦敦和加尔各答调回。”

“1821年以后就找不到浩官参与鸦片贸易的迹象。”1821年是道光元年，严厉禁烟的时代到来了。熟悉多种金融工具的伍秉鉴可能选择了停止自己的资金投入到鸦片贸易中。

当时，阮元从官方角度调查，最后参奏的只不过是他知情不报。如果我们怀疑阮元连眼皮底下的事还误判、误奏，或者有意大事化小瞒报，欺君之罪自有后面的人给他安上。阮元后来跟伍秉鉴关系处得很好，伍秉鉴还支持阮元的倡议，捐资筹建书院。以阮元的事功与治学水平，生前早就注定是要名垂青史的人，他不可能接受来历不明的钱。

可以说，从所有的中文文献里不可能发现伍秉鉴与鸦片之间的任何关系。“假如他的美国朋友们泄露了他们替他经营买卖的天机，他的麻烦可就大了。这个秘密是如此的天衣无缝，直到最近才被人怀疑。”雅克·当斯说。雅克·当斯的《黄金圈住地》英文版出版于1997年。也就是说，迟至1990年左右，记录伍秉鉴海外资金被用于鸦片生意的“珀金斯档案”相关内容才被学者发现。

6

1843年9月，伍秉鉴去世，终年七十四岁。在此前几个月，他还写信给在马萨诸塞州的珀金斯洋行的友人顾盛说，若不是年纪太大，经不起漂洋过海的折腾，他实在十分想移居美国。这个预言了“两宫西狩”的明眼人，却迟迟走不出珠三角。

我们将眼光放远至鸦片战争爆发前一百多年，广东诗人屈大均就有“洋舶通时多富室，岭门开后少坚城”的诗句，我们今天应该为有人拥有更加清晰的认知图景而叹服。

鸦片战争结束之后，关于鸦片的历史叙述变得模糊不清。其实，一个更苦痛的时代到来了。

国内很多省开始种植鸦片，“以土抵洋”的政策似乎成功抵制了外国鸦片。虎门销烟之后不久，身为陕西巡抚的林则徐在给江西抚州知府文海的信中表示："鄙意亦以内地栽种罂粟，于事无妨。所恨者，内地之民嗜洋烟而不嗜土烟。"对于土烟，林则徐又说："内地自相流通，如人一身血脉贯注，何碍之有？"

对林则徐此言感到大为惊讶的人，应该是不了解当时的财政已到了气若游丝的地步。

在禁烟过程中，暴露出的无官不贪情形令人震惊，延续明朝低俸政策的清政府始终无法消除贪腐。那么，林则徐本人是否清廉？

道光二十六年（1846年），陕西大旱，禾苗枯死，粮价腾涌。张集馨在《道咸宦海见闻录》一书中说"督抚将军陋规如常支送"，其中的"抚"指的就是巡抚林则徐，据计算，林则徐所得"陋规""年逾万"。

林则徐在《滇黔杂识》中曾清楚记录他本人"陕西陋规俱不收"。从他退休预留养老的款项看，他能够动用的只有两万余两白银。来新夏《林则徐年谱》记载有林则徐为诸子处分财产的分书，堪称清廉。曾国藩在给曾国荃的信中说："督抚二十年，家私如此，真不可及，吾辈当以为法。"

1877年，郭嵩焘连上两道奏折请朝廷禁烟，两广总督刘坤一在给刘仲良信件中说：

> 郭筠仙侍郎禁烟之议，万不能行。即以广东而论，海关司局每年所收洋药税厘约百万有奇，讵有既经禁烟仍收税厘之理！此项巨款为接济京、协各饷及地方一切需要，从何设法弥缝？……失此百万税厘，转令贩者益多，吸者益盛，非惟无益而又害之。顾据实直陈，必触忌讳，不如暂缓置议，想朝廷不再垂询。

李鸿章与左宗棠也是持"弛禁"主张的。不过，许乃济值得一提，他是当时"弛禁派"一员。"严禁派"获胜后，许乃济受到降职处分，被赶出太常寺。

对国际新闻有洞察力的马克思却对许乃济的看法持肯定态度。马克思认为，早在1830年，如果征收25%的关税，就会使清政府的国库得到385万美元的收入。为此，马克思说："如果中国政府使（鸦片）贸易合法化……这意味着英国国库遭到严重的损失。""中国政府无论从政治上和财政上着想……对外国鸦片征收进口税……英国的鸦片贸易会缩小到寻常贸易的规模，并且很快就会成为亏本生意。""可是，天朝的野人当时拒绝征收……增加的税收。"

现在看来，"弛禁"的本意当然不是放纵鸦片毒害民众，而是为了换取时间。但三十年后，郑观应、王韬、孙中山等人仍主张"弛禁"，说明时间并没有带来政治的好转。

1836年，阿萨姆地区产出了首批受市场欢迎的红茶，从此中国茶叶就渐渐换不来白银了。虽然土烟防止了白银外流，但白银已经枯竭。老百姓靠铜板维持生计，却要上交白银作为税收。银贵钱贱，民变四起，群臣束手。各省财政运转已无法离开“鸦片税”。

1906年，清政府颁布禁烟令，规定十年内逐步禁止烟毒。1909年，清朝在上海外滩主办了世界上第一次国际禁毒会议——万国禁烟会。两年后，欠饷半年的湖北新军起义。

天花与茶商

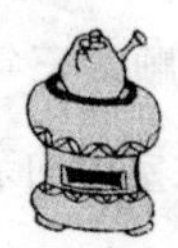

康熙一般被评价为有雄才大略的君主，但大多数人都知道，康熙之所以能成为皇位继承人，一个主要的原因是他患过天花。众所周知，患过天花的人不会再患此病。可见，天花是清皇室的最大噩梦。据说顺治就是死于天花。据《汤若望传》一书记载，“如同一切满洲人一般，顺治对于痘症有一种极大的恐惧，因为这在成人差不多也总是要伤命的。在宫中特为奉祀痘神娘娘，另设有庙坛。或许是因他对于这种病症的恐惧，而竟使他真正染上了这种病症”。

这种恐惧并非空穴来风：顺治七年（1650年），

多位贵族死于痘疹，德亲王多铎、英亲王阿济格的两位福晋，都是因此病而亡。多铎1649年三月初十生病，十八日就病死了；四月十七日，孝端皇太后估计也死于来势凶猛的痘疹。另据史书统计，顺治三年（1646年）至十八年（1661年）中，皇室、宗室内的亲王、郡王去世者达20人之多，这些现象也可能与天花的流行有关。

顺治患病期间，传教士汤若望很快就帮孝庄皇太后和顺治下定了决心：立皇三子康熙为太子。理由简单而充分——康熙已出过天花，有终身免疫力。

康熙虽然没有死于天花，但脸上有麻子。这方面的细节在中文史料中不多见，但在《十七世纪俄中关系》史料中俄罗斯使节留下了观感："汗[1]坐在御座中央，人很年轻，脸上有些麻子，人家说的确实，他是二十三岁。"

1 指康熙帝。

从1690年到1697年，康熙亲征准噶尔汗国。远在漠西的这支蒙古部落，因为垄断了与俄罗斯的茶叶贸易，聚集了几十年的财富，经过噶尔丹父子的经营，势力强大，西至撒马尔罕，南达拉萨。

经过七年征战，噶尔丹自杀。但根据耶鲁教授濮德培2005年出版的《西征：大清帝国对中亚的征服》一书披露，噶尔丹实际上死于天花。这部厚达752页的巨著表明，蒙古人、满族人在与汉人接触之前，较少发生天花；满族虽然获得了天下，但天花让他们深感恐惧，康熙因此大力推广汉族医学中治愈天花的办法。

魏源虽然说噶尔丹由于绝望，“仰药自尽”。濮德培在蒙古文、满文与汉语史料中发现，清朝集团改动的一些历史数据表明，由于信息传递滞后，在康熙进行最后一次的轰轰烈烈的远征之前，噶尔丹已经死去，这让康熙颇感尴尬。于是，历史是这样书写的：康熙大军到达准噶尔，噶尔丹深感绝望，绝望自杀。

这里的绝望是康熙多次预言过的，所以必然要发生。

魏源也透露了更真实的数据：死于天花疫情的准噶尔汗国的臣民占其人口总数的40%。刚刚从古代崛起的准噶尔面临的是中俄两国的热兵器以及他们闻之变色的天花。

在那段被人遗忘的恐怖时期中，准噶尔汗噶尔丹策零1740年与清议和的时候就避免经过哈密和肃州；藏人也避免经过汉地。

1689年，清朝与俄国签订了《尼布楚条约》，稳定了与俄罗斯的关系。1727年，两国又签订了《恰克图条约》，将茶叶贸易收回。

1745年，噶尔丹策零死后，准噶尔爆发了大面积天花瘟疫，大概30%的人死亡。1755年，当乾隆发动对准噶尔最后一次远征，另一场瘟疫爆发。最后反抗清人统治的蒙古汗阿睦尔撒纳也死于天花。1757年（清乾隆二十二年），准噶尔平定。起源于茶叶贸易、终于天花和战争的准噶尔汗国在历史中消失了。

在战争、茶叶贸易与天花交织的时代，广州十三行的茶商开始引进更先进的医疗技术——种牛痘。

中国的人痘技术很先进，但也有瑕疵——接种后有可能不出痘，无法获得免疫力；而出痘过多又等于人为感染天花，存在一定风险——所以并没有大规模推广。

1796年，英国乡间为人种痘的医生琴纳观察到，养牛场工人接触患牛天花的病牛后，身上局部也会出痘；然而这种天花病情很轻，容易痊愈。经过实验，安全的牛痘接种术诞生了。欧洲各国马上推行了牛痘术。

1805年春，英国东印度公司外科医生皮尔逊在澳门获得了牛痘苗，开始为中国人接种牛痘。他写作的《英咭唎国种痘奇书》被十三行商人读到了。

1810年，皮尔逊委托友人再次从南洋运来痘苗。他们在船上载着若干个小孩，一个接一个地接种，将痘种带到广东。为了让难得的痘苗不再中断，这次洋行商人给予了大力支持。《南海县志》载："洋行商人伍敦元、潘友度、卢观恒，合捐数千金于洋行会馆，属邱、谭二人传种之，寒暑之交，有不愿种者，反给以资，活婴无算。"

郑崇谦是积极推行施种牛痘的佼佼者。他于嘉庆二十年（1815年）在广州十三行街的行商公所开设诊所，施种牛痘，请皮尔逊在一旁指导和监督。

1828年，十三行行商潘仕成在北京宣武门外上斜街南海邑会馆设牛痘局，北京医生争相到馆学习。从此以后，种牛痘防天花医术遂传播中国各地。潘仕成在广州所建别墅"海山仙馆"号称岭南第一名园，今已荡然无存，遗迹为荔湾湖公园。

中国茶叶衰败之谜

清初中国茶叶如烈火烹油，达到鼎盛时期：18世纪全球首富潘振承、19世纪全球首富伍秉鉴的祖上都是福建茶农，他们在广州十三行做茶叶贸易，将英国与俄国国库中的白银席卷一空。但茶叶史的下一篇章却是印度阿萨姆茶崛起，中国茶一再落败。原因似乎也摆在面前：英国人福钧偷走了中国茶叶。

据学者胡文辉考证，早在17世纪末，德国博物学家和医生A.雷克已从日本将茶籽带到爪哇，并培育成功；19世纪前期，荷兰人贾克布森六赴中国，最后一次更是在清政府悬赏其首级的情形下，带回700万颗茶籽和15名工人，成就了爪哇的茶业。即便在英国人这边，在福钧的中国行之前近二十年，乔治·詹姆斯·高登、查理斯·加尔夫（传教士）就已得到总督威廉·班庭克的鼎力支持，赴华并购买到大批武夷山茶籽了。

中国茶引种巴西也存活了。

事实上，茶叶原产地就是中国，世界各地的茶叶几乎都是从中国引种出去的。当然，云南边境外的一些地方也有茶树，但品种不如中国。

为什么英国的这次引种引起了这么大的影响？而且，东印度公司破产之后，立顿公司继续了英国茶行业的神话，并延续至今。

英国人福钧本是植物学家，从他写的《两访中国茶乡》中可以看出他对茶的了解。他澄清了林奈在植物学分类上的迷惑之处：绿茶与红茶是一种植物，区分它们的是不同工艺。他带走的武夷山品种与阿萨姆品种的嫁接是当时最高水平的农产品杰作。

即使是这样，任何人也很难接受阿萨姆红茶质量高于福建红茶这种判断。

实际上，由于英国人喝的是奶茶，当气味芳香、味道隽永的福建红茶冲入牛奶并加糖以后，香气减弱，味道变淡，整体感觉就比不上以“浓强鲜”为特点的阿萨姆奶茶。但这不过是品种改良问题，对中国茶农来说，难度不大。

而福钧带走茶种，对中国茶叶的打击也很有限。他的打击其实在于他看到了中国绿茶生产的现场状况，并在1851年的世博会上公之于众：“工人们的双手全都被染成了蓝色。我禁不住想，要是那些绿茶饮用者看到这一场景，他们那特殊的偏好可能就会被纠正过来——要我说的话，他们的口味因此就会更纯正。”

这些细粉是染色剂，被他带回英国分析后，其中有普鲁士蓝等毒性很大的化学产品。

这应该是对中国茶打击最大的新闻。从此之后，英国人不再喝中国绿茶。

那么，是因为中国茶农在全世界最没有职业道德吗？

1903年12月，东文学社日籍教师二十五岁的船津输助在宣武门外的住所里写下日记："普通人大多衣衫褴褛、蓬头垢面，在城门内、屋檐下等处寄居，其中尤下等者以乞食为生，严冬时节仍然衣不蔽体，往往冻死。因而此处强盗、小偷甚多。但在不洁的人群中，又可以看到身着青色或红色锦绣、外裹貂皮、全身上下价值数百金极为气派之人。只要在市中心稍微走一走，就能感觉到这种贫富差距。"

如此格局之下，农民的生存得不到保证，哪里谈得上农产品的质量？进一步说，哪里有什么批量生产的商品质量？

船津发现北京市井"赝品甚多，玉器虽随处可见，但大部分都是假的"。

乾隆年间，朝鲜使臣洪大容在其《湛轩燕记》一书中记载，中国"茶品多种，青茶为最下常品。普洱茶都下最所珍赏，亦多假品”。

《大汗之国》中记载修士克路士在中国发现市场上有人“在鸡里面灌水或沙，以增加卖出的重量”。

据“中研院”陈慈玉的研究，红茶竞争也随即开始。1871年，印度当年出口英国的红茶是中国红茶的10%，1885年到一半，两年后到80%。

在美国市场，日本茶在1908年压住中国茶，十年后达到中国的两倍。

英国渣打银行等势力在印度与日本投资，这意味着英国人不再只是购买者，而且成了制造者与输出者。这一方面培养了中国茶的对手，一方面也垄断了大量利润。

在这个过程中，日本横滨正金银行崛起，日本商人夺回精制茶商权，都算得上日本在国际贸易中的应对之策。

中国有应对能力的十三行商人已全部歇业，面对英国资本，中国小茶商的应对办法仅有一个：“粗制滥造”。不久之后，中国从茶叶出口国沦为茶叶进口国。

这与一百年前中国十三行巨商与英国东印度公司博弈几十年的局面已相去甚远。那时，英国人对中国品牌深信不疑——价格虽贵，品质绝对世界第一。作为抵挡英国资本最犀利武器的中国品牌，此时已被清政府无端砸烂。

大盛魁的秘密：茶枝子

《富甲天下大盛魁》一剧迟迟没有开播，嗷嗷待哺的观众只能看这部“史诗剧”的预告片段解渴。

多年前的《乔家大院》带动了山西晋商大院的旅游，但该剧表现晋商经商的精髓少之又少，而《富甲天下大盛魁》恰好在这方面后来居上。

这段时间广东博物馆有“俄罗斯帝国珍品展”。我在金光闪闪的珍品中，恰好看到了烹煮砖茶的俄罗斯茶炊正大放异彩。

讲旅蒙晋商“大盛魁”的书很多，但我觉得最精彩的还是美国学者艾梅霞（Martha Avery）。她有可能是中俄茶叶之路的真正行家。

大盛魁的起家与噶尔丹造反有关。而这个准噶尔汗国的噶尔丹在电视剧《康熙王朝》里出现过。实力不够抗衡噶尔丹的康熙，毅然动用了观众喜闻乐见的美人计，将爱女蓝齐儿嫁给他，噶尔丹果然上套，最终被康熙打败身死。康熙虽然取得了胜利，但为了政治牺牲女儿幸福这一点也在广大观众中引起了争议。

蓝齐儿是虚构人物，这个世界上根本不存在的女人却在电视里扎下了根。《甄嬛传》第34集中，提及准噶尔英格克汗求娶大清国“嫡亲公主而非宗室女子”时，敬妃振振有词地提到了这段“史实”：“和亲一般都是选宗室女，臣妾记得只有先帝爷将自己亲生的蓝齐公主嫁与了准噶尔。”而皇帝沉吟道：“正是因为有此先例，朕才不好回绝。”

要领略噶尔丹蛮不讲理的肥胖形象，还非得去看哈萨克斯坦的电影《游牧战神》。当然，他无论多么蛮横，还是被哈萨克斯坦英雄打得落荒而逃。可以这么说，无论形象有多么失真，总好过到处讨要媳妇的多情的电视剧版噶尔丹。

正因为噶尔丹从西藏打到哈萨克斯坦，极为强悍，清廷才将后勤与补给交给晋商，全力以赴攻打准噶尔。熟悉茶路，又结交官府，大盛魁这才将茶叶生意做到了俄罗斯。

在这之前，第一次将茶叶生意做大的是五代十国的吴越王钱镠。茶叶与盐，从此也成为宋朝政府赚钱的最佳利器，被雅致的宋人称为“摘山煮海”。

大盛魁卖茶成为草原最大商号，当然离不开王相卿经营方面的诸多“点子”，但茶的质量与魅力也不能被低估。某些没见过世面的汉人一见到砖茶中的老叶与茶梗，脸上立马浮现出“我已看穿一切”的神情。不过，《洞茶与中国茶叶之路》一书认为，晋商经营成功的秘诀第一条就是茶叶的“高品质”。

砖茶的诞生，当然最开始的原因是为了运输方便。艾梅霞认为，紧压茶砖可以保存茶叶中的维生素，并保留其风味与刺激性。而且，茶砖可以包容茶梗——艾梅霞直接称其为“小枝子”。

在蒙古，有经验的煮茶人会先将小枝子捣碎，因为里面包含着比茶叶更多的单宁酸、咖啡因与香精油，让茶汤香气更为诱人。

艾梅霞喝遍全球茶叶，认为这种煮茶方式更累人，但比西方的茶味道更好。所谓西方的茶，主流自然是英国红茶。英国人讲究的是“纯芽”“一芽一叶”，自然也是按照这个等级制来收购与销售茶叶。

同治年间修订的《崇阳县志》留下了砖茶工艺：“其制：采粗叶入锅，用火炒，置布袋揉成，收者贮用竹篓。稍粗者，入甑蒸软，用稍细之叶洒面，压成茶砖，贮以竹箱，出西北口外卖之，名黑茶。”

《洞茶与中国茶叶之路》对这种工艺赞不绝口：“这种砖茶，称之为黑砖茶，这是中国传统手工业的杰作。”没有这种杰作，大盛魁的伙计们怎么可能年年往山西老家挑银子呢？

大茶商的境界

《那年花开月正圆》原著小说叫《安吴商妇》，小说主角周莹被当地人称为“安吴寡妇”。也许创作者觉得不够庄重，所以改成如今这个名字。

电视剧红了，三原县的“茯砖茶”知名度也得到传播。茯砖在一般人的印象中出自湖南安化等地。全国高等农业院校教材《茶叶加工学》里有这样一段话：“泾阳茯砖俗称茯茶。50年代，安化茶厂经反复试验，成功地压制了茯砖茶。”

其实准确的说法应该是“复原”了茯砖茶。茯茶（散茶）在泾阳出现是在北宋神宗熙宁年间，茯砖茶定型是在明洪武元年前后。因原料在咸阳泾阳筑制，所以称为“泾阳砖”。

当地人将做茯茶称为“筑”，这应该是制砖的术语。最开始，茶商设法压缩茶叶体积，筑制砖茶，只是为了增加运量。但他们敏锐地发现，压紧的茶叶在某种情况下，会出现神奇的“金花”，茶叶口感也变得香甜醇厚。

茯砖茶中生长出的有益曲霉菌——“金花菌”，生物学家定名为“冠突散囊菌”。它让绿茶的口感脱胎换骨，不再苦涩，更增加了厚滑的味觉，因此远销至俄国、西番、波斯等40余国家。据卢坤《秦疆治略》记载：“泾阳县官茶进关，运至茶店，另行检做，转运西行，检茶之人，亦有万余。”这一工艺的改进提振了经济，还造福了民众。

1873年前，茶商内部分为东西两柜。东柜为汉族，西柜为回族。1873年后，湘军著名统帅、陕甘总督左宗棠改“茶引”为“茶票”后，有意扶持湖南人。

泾阳增加了南柜（全系湖南人），这大概是湖南人熟悉茯茶的源头。

周莹1869出生，躬逢其盛，将夫家的“裕兴重”茶叶商号做成陕西最大茶商。这里就有好看的商战故事了。

泾阳茯茶工艺复杂，多达29道筑茶工艺，还有“离开泾阳水制不了，离开泾阳人制不了，离开泾阳气候制不了”的说法。水与气候，一定深藏着金花菌繁殖之谜，这让人联想起茅台酒的神奇工艺。发酵，的确是茶与酒的结穴之处。

周莹聘请在茶界拥有名声的邓监堂为大掌柜来经营“裕兴重”买卖。邓监堂经过多年商场拼杀，有勇有谋，临危受命。他坚信“贵极反贱，贱极则复贵”的价格规律，为了保住滞销的茶叶，坚持囤库待机。等到那年9月，茶价突然上升，行情一日三变。“裕兴重”和其旗下分号积库茶叶一销而空，为周莹赚回了400万两银子。

邓监堂身经百战，练就了刀口舔血、赌性十足的冒险作风。他曾从江南购进6万斤春茶，再从武汉逆丹江而上运回陕西。船队进入武关地界时，丹江河水瞬间暴涨，两岸山石在暴风雨中滚坡而下，掀翻砸沉了载茶的货船，邓监堂此行血本无归。

周莹的眼光更为长远，她看到云南茶商将普洱茶经茶马古道卖到西藏、缅甸、不丹，以及更远的尼泊尔、印度，在国际贸易中获取巨额利润。相比之下，陕西茶商模式就太陈旧了：他们长途贩运江南茶叶到陕西，加工后卖出去。成本高昂，风险巨大。

周莹虽然不懂茶叶经营中的细枝末节，但发现了陕西茶行业的要害：资金占用大，风险大。

周莹把陕西安康的紫阳茶、汉中的午子仙毫茶叶引入市场，改变了西北地区茶叶市场被江南原茶和云南普茶统治的局面。

慈禧躲避义和团之乱，逃往西安。周莹和西柜大茶商马合盛运送官米，帮了官府大忙，慈禧太后说：

“你们做了好事，不愧为大行商啊！”马合盛为人机智善谋，立即把自己的旗号变为“大行商马合盛”，并做了一面“奉旨运茶”的旗帜，插在骆驼头上。各州县见到后都开门让道，任其自由通过。周莹在这方面却无所作为，其实大有深意：与官场的关系是暂时的，茶的品质是长远的。

周莹被慈禧收为“义女”，被封为一品诰命夫人。但周莹的思路却不在官场。在茶叶销售良好的情况下，她让邓监堂去甘肃、青海和西藏，收集茯茶受欢迎的原因以及牧民对泾砖的改进意见。

这才是大茶商的远见卓识，今天的商人似乎离这种境界还远着呢。

龙井神话

龙井茶在今天茶文化井喷的状态中仍然保持一枝独秀的状态，令人称奇。每个时代都有茶的精品，所谓“唐人首称阳羡，宋人最重建州”。但龙井产地曾直接被点名为不好的茶产地，的确让今天的爱茶人有些尴尬。

陆羽的《茶经》曾记载：“浙西，以湖州上……常州次……宣州、杭州、睦州、歙州下……临安、于潜生于天目山，与舒州同。”杭州所产茶叶被认为等级不高。

明朝田艺蘅在《煮泉小品》一书里写道：“临安、

于潜生于天目山者，与舒州同，亦次品也。”

明代贡茶从团茶[1]变为散茶，茶的制作工艺发生了巨大变化，龙井的命运在这个茶叶名次大洗牌的窗口期出现了转折。万历《钱塘县志》（1609年）已经出现这样的评价：“老龙井茶品，武林第一。”它的特点是有“豆花香”，这个判断至今有效。“武林”即杭州，也就是说，龙井已是地区性名优产品。

接着，许次纾、屠隆、高濂等文化名人开始发现龙井的魅力。高濂的评价很有意思：“近有山僧焙者亦炒，但出龙井方妙。而龙井之山，不过十数亩，外此有茶，似皆不及。附近假充，犹之可也。”高濂是戏曲家，其养生著作《遵生八笺》很有名。他对龙井的看法不是很有把握，“外此有茶，似皆不及。附近假充，犹之可也”意思是说，远方的客人尽管来买，真龙井假龙井差别并没有那么大。

1　团茶是专供宫廷饮用的茶饼。茶饼上印有龙、凤花纹。价格昂贵，工艺复杂。

对茶有极深理解的明人罗廪在《茶解》一文中说："按唐时产茶地，仅仅如季疵所称。而今之虎丘、罗岕、天池、顾渚、松罗、龙井、鸠宕、武夷、灵山、大盘、日铸、朱溪诸名茶，无一与焉。乃知灵草在在有之，但培植不嘉，或疏采制耳。"

"培植不嘉，或疏采制耳"的确是好茶未被发现的最重要原因。曾经有云南著名茶人偷偷对我说过，以前真的不觉得冰岛茶好，后来冰岛出名了，价格扶摇直上，才觉得好喝。想来想去，还是因为当时没有用心炒制。

类似的憾事也时常发生在动物界："马之千里者，一食或尽粟一石……是马也，虽有千里之能，食不饱，力不足，才美不外见，且欲与常马等不可得，安求其能千里也？"好马需要吃饱，正如好茶需要好的工艺。

明代"岕茶"在当时有"第一茶"的名声。茶叶行家许次纾在《茶疏》中说："若歙之松罗，吴之虎邱，钱唐之龙井，香气浓郁，并可雁行，与岕颉颃。”

其实也就是说，龙井已经并列世界冠军了。“并列”这一思路很稳——仔细琢磨，他的意思是松罗、虎邱、龙井三者一起与岕茶抗衡，这几乎是无法反驳的。但流传开来，给人的感觉是四个冠军并列。

这种说法得到了屠本畯的赞同，他在自己的文章《茗笈》中援引了这一说法。

但是，岕茶的爱好者对此不太高兴，明末兵部尚书熊明遇在《罗岕茶疏》中冷冷地贬低龙井：“茶之色重、味重、香重者，俱非上品。松罗香重，六安味苦，而香与松罗同。天池亦有草莱气，龙井如之。”“草莱”即杂草。龙井又一次被点名，可见其地位并不稳固。

不仅是口感，工艺也出现了不同的方向。

在茶人许次纾看来，采茶的最佳时机应该是谷雨前后，而不是我们今天崇尚的明前：“若肯再迟一二日期，待其气力完足……”但很显然，这个呼吁并没有得到重视。

其实，一味追求嫩芽，一味追求明前，无非是谨守“茶之色重、味重、香重者，俱非上品”的戒条。两种茶的美学在此有了分野。一种是欣赏“气力完足，香烈尤倍”，一种是害怕“色重、味重、香重”。今天，你说你欣赏龙井清雅淡泊香气悠远，听众会徐徐点头；你说你最爱龙井“气力完足，香烈尤倍”，别人恐怕会摸你的额头。

可想而知，所有人都追求越来越淡的口感，能鉴赏妙处的人就越来越少。一国人谈论虚无缥缈的茶美学，简直就如同《皇帝的新装》里的荒诞情景。

大约，施耐庵在写《水浒传》的时候，让在五台山当了四五个月和尚的鲁提辖呼喊：“口中淡出鸟来！这早晚怎地得些酒来吃也好！”一定是对部分文人推崇的清淡美学很不满了。

时代无论怎么变迁，龙井的主题总是一个“真”字。

明代文人冯梦祯住在杭州孤山。他在《快雪堂集》

一书中的抱怨很出名："昨同徐茂吴至老龙井买茶。山民十数家各出茶，茂吴以次点试，皆以为赝。曰'真者甘而不冽，稍冽便为诸山赝品'。得一二两以为真物，试之果甘香若兰，而山人及寺僧反以茂吴为非。吾亦不能置辩，伪物乱真如此……他人所得，虽厚价亦赝物也。"请留意寺僧这个身份，中国很多名茶的工艺在乱世中得以流传，全靠寺僧的守护。寺僧不怕价格涨落，他们精进手艺只为修道，不会为茶客的喜好所左右。但这里寺僧与品饮行家徐茂吴之间发生矛盾，只能说是解不开的谜了。

民国时期程淯在《龙井访茶记》中说："真者极难得，无论市中所称本山，非出自龙井；即至龙井寺，烹自龙井僧，亦未必果为龙井所产之茶也。"

龙井的采摘时间也有讲究。程淯说："世所称明前者，实则清明后采。雨前，则谷雨后采。"这就是龙井茶的真相了。既然买家非明前不买，茶农只能说是明前，但为了保住龙井这个品牌的质量，又只能偷偷将采摘期尽量延后。

在火眼金睛的买家的严防死守之下，不能指望茶农在最佳时期采摘，想要保证味道的高水准，就只有靠后期冲泡技术来弥补了。对此，程淯的建议是：“需茶二钱。少则淡，多则滞。”

所以我们现在有了一个无奈的发现：对龙井这个含金量最高的商品，信任危机其实从未解除啊。

晋商钟爱两种植物

“当她坐着一乘由十六个农民抬着的轿子，进入孔祥熙的故乡山西省太谷县时，她惊异地发现了一种前所未闻最奢侈的生活。”《宋氏三姐妹》这样描述宋霭龄进入晋地时的心情。后来，她得知在晋商家庭里，一个人可以拥有七十个用人。

晋商，在普通人的模糊印象中，是一群很有手腕、很有办法的人。在《乔家大院》这部风靡全国的电视剧里，我们也会得出如此结论。现在看来，这部剧的主题还是陈旧了些：封建家庭、家族矛盾、女性地位、命运沉浮……虽然，有那么两三集展现了乔致庸在蒙古荒漠地带艰难运送茶叶的情形，但经商叙事中最吸引理性观众的核心问题并未被触及：晋商是怎么发现茶叶可以牟利的？如何在政府的严密监控下展开贸易？如何在全国茶产区寻找发现好茶？如何与福建茶农谈判？如何将茶卖给俄罗斯人？……这些细节中其实也包含情感，但可能因为太过“琐碎”“专业”而被抛弃了。

晋人非常奇怪，在我们这个古老的农业国家里，他们早早就下定了决心经商。《国语》记载了晋国首都绛城的富商，只能乘坐用皮革遮蔽的木制车子来往，因为他们没什么功劳——凭他们的财富足以用黄金来装饰车子，穿上刺绣花纹的衣服，用丰厚的礼物与诸侯交往。可见，晋人虽然很早就有经商的传统，但似乎没什么特别之处。晋国政府压制商人，比如限制使用高档车马，与其他地方也并无不同。

在我有限的观察里，唐代的晋商就有些异样了。大历十才子韩翃有句话这样说：“吴主礼贤，方闻置茗。晋臣爱客，才有分茶。”为什么是晋人最早在茶中发现了待客之道？

商人与其他人的不同之处在于，他们会抑制自己想要炫耀的欲望。他们发现差价，发现某条商路存在暴利的可能性——这种发现的狂喜一定被泄露的恐惧深深遏制住了。正史中的晋商完全是透明的，他们只出现在文人笔记里。但这些故事，往往与“钱”有关，与他们商业上的作为无关。

好在晋商的特别之处被发达资本主义国家的学者们发现了。日本人荒川正晴在《唐代粟特商人与汉族商人》一文中披露：唐代粟特商人拥有大量金银，除利贷与兑换，还开具票据与支票（这可能是中国最早的票据，也是晋商票号的祖师爷）。不仅如此，他们还开展了投资业务，胡汉商人联手在中亚各国开拓贸易。

粟特人在历史中消失了，但他们经商的精神在晋地留存下来。法国学者童丕（Éric Trombert）在《中国北方的粟特遗存》中告诉我们：晋是中国唯一长时间种植葡萄的省份，粟特人的传统就是种葡萄酿酒。

种植葡萄在其他人看来是一件怪事：葡萄本身不能当食物，酿酒后拿去交换就有风险；葡萄的种植也需要专业技术，学习技术就需要成本。所以，葡萄酿酒虽然贵，却迅速被以果腹与糊口为目的的低端农业经济放弃了。但山西这个独一无二的省份，一直出产这种有魅力的产品。

到了元代，马可·波罗再次发现，这里是唯一生产葡萄酒的地方。

吐鲁番崇化乡曾是粟特人聚落，所以吐鲁番种葡萄也不是偶然的。

刘禹锡有首《葡萄歌》讲的恰好是晋人在产业上的自豪：

> 有客汾阴至，临堂瞪双目。
>
> 自言我晋人，种此如种玉。
>
> 酿之成美酒，令人饮不足。

为君持一斗，往取凉州牧。

葡萄，这种顽强反抗糊口农业的经济作物，也不是没有经历过风险。安史之乱之后，一切跟胡人有关的东西都让人恐惧，纷纷被禁止，包括葡萄。但晋人默默地将葡萄的种植业维持了下来。

到了明代，完全不懂经济的朱元璋制定了移民垦殖、重农抑商的政策，对商业抽重税，还下了葡萄酒的禁令，将中国引导发育成了一个巨大的低端农业国。

不过光绪年间，传教士发现，山西仍然有人默默种植着葡萄。也很少有人知道，茅台酒的工艺同样是经由晋商修订之后才确定了品质。

所以，不是别处的商人，恰好又是晋商发现了茶叶的经济价值。之前茶叶只是农产品或奢侈品，而晋商在庞大的农业国里，以锐利的从不眨眼的商业眼光发现，茶叶具有与葡萄同样的增值属性。他们主导了中国茶叶的种植、制作和运输，这实在是不奇怪的。

茶与霉的历史

最近电视剧《那年花开月正圆》颇热。据当地媒体报道，国庆长假期间，故事发生地泾阳接待游客281万人次，实现旅游综合收入4.9亿元。泾阳茯砖茶虽有上千年历史，但1949年以后名声湮没不彰，现在经由此剧成为了知名特产。

不过我听到了另外的声音，认为剧情的细节还值得推敲。剧中泾阳首富周莹因运茶船漏水，茶叶被河水浸泡长出“霉芽子”，结果味道变得更醇厚，更好喝，这种“金花”茯砖茶于是在市场上畅销。这种戏说似乎荒诞不经，对宣传本地优质产品不利，可能有副作用。

批评者可能没读过莫言的《红高粱家族》。关于特制高粱酒是怎么酿出来的，莫言是这样写的：

> 正像许多重大发现是因了偶然性、是因了恶作剧一样，我家的高粱酒之所以独具特色，是因为我爷爷往酒篓里撒了一泡尿。为什么一泡尿竟能使一篓普通高粱酒变成一篓风格鲜明的高级高粱酒？这是科学，我不敢胡说，留待酿造科学家去研究吧。后来，我奶奶和罗汉大爷他们进一步试验，反复摸索，总结经验，创造了用老尿罐上附着的尿碱来代替尿液的更加简单、精密、准确的勾兑工艺。这是绝对机密，当时只有我奶奶、我爷爷和罗汉大爷知道。据说勾兑时都是半夜三更，人脚安静，奶奶在院子里点上香烛，烧三陌纸钱，然后抱着一个卡腰药葫芦，往酒缸里兑药。奶奶勾兑时，故意张扬示众，做出无限神秘状，

使偷窥者毛发森森，以为我家通神入魔，是天助的买卖。于是我们家的高粱酒压倒群芳，几乎垄断了市场。

一句话，虽语涉鄙俚，但这是很高级的艺术。

如果有人对莫言的小说都要说三道四，那我就再举一个例子。2017年有一部电影试图宣传老六安茶，名叫《茶盗》。制片方请来了梁小龙出演角色，但因为片中老六安茶过于正面，故事平淡无奇，此片票房仅为4.5万元。

如果我请人在“荒诞不经”与“过于正面”两者之间做一个选择，等于是让他在4.9亿与4.5万之间做选择——这难道不是一道送分题吗？

谈到霉，当然有人想到黄曲霉素。但那是毒素，这里不谈。我们要谈的是有益菌，是食品工业千百年传承的工艺精髓。

1892年，张弼士创立张裕公司的时候，所定葡萄酒窖藏时间为10年。张弼士严令，在到期之前，一滴酒不准出厂。当然，富可敌国的他有资本等这个时间。

民国期间，普洱茶工艺已臻化境。李拂一曾留下笔记谈及大大缩短发酵时间的“潮水工艺”：“潮工非熟练不能胜任，水量过多，则茶身易于粘袋破烂，且干后收缩，茶身变小不合卖相。过少则揉时伤手，且分量太重，不适包装输运。底茶绝不能潮水，潮水者内起黑霉，曰中心霉，不堪食用。劳资纠纷时，工人时用此法，为报复资方之计。”

可能是为了避税，李拂一的普洱茶在印度销售，大多由藏人购买。鉴于李拂一的利润惊人，“印度茶业总会曾多方仿制，皆不成功，未获藏人之欢迎”。藏人从文成公主入藏后一直饮茶，从未断绝。对于普洱茶的表里皆发生一种黄霉，藏人一点不奇怪。“藏人自言黄霉之茶最佳。”

1949年后，曾在东南亚呼风唤雨上百年的“号级茶”掌柜们风流云散，许多秘方就此失传。

农业部副部长吴觉农曾回忆："1951年我任中茶公司总经理时，一批茯砖茶发到青海，结果霉变了。西北区公司派员携带茶样来京化验，虽然认定黄霉可以饮用，但当时人们谨小慎微，毕竟是入口的东西，谁敢负这个责？最后还是一把火烧了，造成社会损失。"

这里的"黄霉"其实就是"金花"。当时经过专家组论证、调研，得出了结论。但结论马上就失踪或被遗忘。

邹家驹写过一篇《一次"霉"茶事件的记录》，读来惊心动魄：

> 1979年5月，景谷茶厂生产的901批和905批边销紧茶，先后装入封闭车厢，由昆明发往青海湟源车站中转西藏。火车离开昆明后，不知什么原因，两节车厢先后失踪了。青藏铁路于1970年由西宁前进到湟源后，郑州调藏茶叶不再经兰新铁路柳园站而改由兰州转青藏铁路的湟源站交货。

同年7月1日，成都至昆明铁路建成，从此调藏茶叶即可在昆交运，经成昆、宝成等铁路线直达湟源站交货。走成昆线，比原经贵阳、重庆绕道至成都缩短了500余公里。这批货走的成昆线还是贵昆线，铁路方面没有人说得清楚。有消息称，这段时间成昆线郑州段塌方中断。整个夏天，电报和信函在西藏驻成都采购站和郑州“省茶司”之间来回飞舞，可失踪的车皮始终没有找到。入秋，青藏高原的草开始变色了，那两节不知在哪个车站滞留了几个月的车皮又先后出现在湟源车站。进藏物资转运站仓管人员点清数量后按程序抽样检查。茶叶发霉了，黄色的霉斑，有的连片，有的状如散沙，斑斑点点，令人害怕又令人心痛。西藏方面坚决要求退货。

这段文字有点让人迷惑，这里“西藏方面”派出的接收茶叶的代表应该是没有经验的年轻人吧？真正的西藏人怎么会认不出“金花”呢?

普洱茶销售到法国，被叫作“销法沱”。法国代理商弗瑞德·甘普尔曾听一个去过西藏的英军军官说过：“藏民长期喝奶茶，才能够在世界上最恶劣的自然环境中生存。讲茶，云南是最棒的。”后来甘普尔做起了普洱茶生意，他的生意做起来很方便，因为解释黄霉的时候人人都听得懂：“法国大受欢迎最富营养的发酵奶酪，白霉长达一厘米，法国人祖祖辈辈都在食用。”

耶鲁大学的历史系教授濮德培（Peter C. Perdue）目前正全力研究普洱茶历史。他在采访中，谈普洱茶的时候显得天真有趣。他说中国人招待尊贵的客人，总是会拿出两种中国南方的饮料——茅台和普洱。

我很期待濮德培教授的书。

新茶区：战火中的珍贵商机

当太平军席卷大半个中国的时候，远在欧洲书桌前，如雄狮般的马克思敏锐地嗅到了资本主义肌体里的坏疽。他预言，太平天国运动将大大削弱英国在华贸易，从而“将火星抛到现今工业制度过度负载的地雷上”。所谓“过度负载的地雷”，应该是指英国庞大的工业人口、沉重的银行借贷和停不下来的运输网……一旦贸易活动减缓，表面上生机勃勃的全球化生产就会染上败血症，迅速崩溃。

奇怪的是，马克思的预言发出后，中英贸易反而在短期内增长了。上海与广州的商人大批量购买英国棉织品与印度鸦片，将茶叶与生丝销售出去。原来的商道被太平军摧毁之后，商人们将货物交给洋商出口，货物进入到国际大循环中，价格更加喜人。当时，英国最大的贸易伙伴是中国和美国。英国人从中国进口绿茶的三分之二出口到美国；英国纺织品的棉花有四分之三来自美国南部，产品有一半在远东销售。

1861年3月，林肯就任总统后，国际形势逆转直下。4月，湘军与太平军战事升级，美国已有十一个州脱离联邦……长话短说，美国内战导致棉花涨价，英国棉纺织贸易额减少三分之二。据《天国之秋》记载，第二年，兰开夏的失业率达六成，棉荒已然降临。马克思的预言应验了。太平天国占领茶区之后，犹豫不决的英国人下定决心武力干预了。

在汉口，拿不到茶叶的晋商坐困愁城，他们决定开辟新的茶区。晋商“数家至苏州采办浙茶运往恰克图，茶质虽次，而需用正急，大得善价而沽”，但后来俄国人嫌这种茶不合口味而拒购。浙茶卖不出去，致使恰克图几十家晋商茶行倒闭。

火急火燎的晋商无奈将目光转向周边。他们将武夷山茶农种植和加工技术推广到两湖地区，投资扩大茶山和茶园面积，迅速形成了以安化、临湘、赤壁为中心的外输红茶、砖茶的新产区。广东商人卢次伦的泰和合商号在这一波行情中受益匪浅。1899年，宜红茶产量突破了30万斤。全厂员工近6000人，仰其生息者近万人；旱运骡马达500多匹，水运繁忙时茶船竟多达百余艘。云蒸霞蔚，钟鸣鼎食，商号所在地泥沙镇顿时有了“湘北小香港”之称。

世界市场上红茶畅销、绿茶滞销的信息不胫而走。1869年，黟县人余干臣在福建任税务官期间，意外了解到这个行情。当时洋商联合压价，茶帮集结抗议，请求官方缓交茶税。余干臣只身前往茶帮的公义堂，劝说堂主向政府缴纳税银，同时劝说洋商放弃压价。在这个过程中，他对红茶产销有了更多发现。1874年5月，余干臣母亲去世，本应丁忧返乡，但恰逢日本入侵台湾。余干臣赴台湾办理公事，结果被革职。1875年春，余干臣开始在安徽至德县制作红茶，成品的甘醇和甜香让他自己都大吃一惊。茶叶送到福建售卖，销量极好，祁红从此畅销英伦百余年。

1937年，日本全面入侵中国时，在云南做茶叶生意的李拂一刚刚经历了事业上的辉煌。大约在1923年，商人杨守其联合好几个商号，发现了一条从云南佛海（今勐海）经过缅甸再到印度葛伦堡并转运进入西藏的运茶之路。这条“出口转内销”的商路避开了土匪的抢掠与层层盘剥的关卡，获利颇丰。佛海茶庄从一家发展到二十多家，其中就有李拂一的茶庄。

前景如此明朗，李拂一的创造能力被激发出来，他制作的心脏形的紧茶在西藏大获成功。诀窍有两点，他的材料里用了部分便宜的粗老料，降低了成本；另外采用了“潮水”工艺让茶叶发酵，茶叶口感香甜醇厚——神奇的是，其中粗老的茶叶让发酵后的茶汤更浓郁芬芳。1934年，他将自己试制的红茶也寄到汉口，请专业评茶师审评，得到的评价是品质优良，气味醇厚。

印度茶商对李拂一的生意很眼红，开始仿制心脏型紧茶销藏，但印度茶商对茶的了解却比不上藏民。对数百年持续饮茶不断的藏民来说，仿制品不好喝，看也能看出来。仿制的茶总是中心发霉，而李拂一的紧茶“表里皆发生一种黄霉。藏人自言黄霉之茶最佳”。

好景不长。1942年，日军攻入缅甸，李拂一的茶叶仓库被日本飞机大量轰炸。1949年，李拂一赴台，留下的笔记随着岁月的变迁全部遗失。这里面藏有制作号级茶的秘密，殊为可惜。

战乱在封建落后的社会给民族商人露出了一丝罅隙，他们在这个难得的空间里爆发了罕见的生命力，虽然和今天的大规模生产不可同日而语，但其精神激励的价值不容小觑。

茶的鸿门宴

如果一个诚恳的人，虚心去茶叶店喝茶请教，最容易听到的一家话很可能是“茶无上品，适口为珍”。这句话听上去很舒服，诚恳的朋友更会以为自己听到了上千年茶文化里流传、积累下来饱含哲理的金句。但谁能想象得到，这句朗朗上口的话，问世可能还不到一二十年。

跟茶文化有关的书籍里，其实是这样说的：“茶有千味，适口者珍。”

仔细琢磨这句话，“茶无上品，适口为珍”，如果是茶商对顾客说的，无非是一种陷阱般的恭维。这句话预先给外行顾客的品位点赞，但实质上巧妙回避了关于自身茶叶品质的讨论，否定了茶行业共同体的价值观。

你接受了这句恭维，你会真的按照自己的口味来选茶。这没问题吗？

试想，一个观影量很少的小镇青年来到某电影论坛想学点东西，却被逼着发言。他喜欢的可能是《小时代》，于是就被诱导说出“对我来说，全世界最好的片子是《小时代》”这样的话，还得到了肯定。他会不会意识到，自己被引入了一个骗局？

“适口为珍”的故事，大多数说法是指来自《山家清供》：

> 太宗问苏易简曰：“食品称珍，何者为最？”对曰：“食无定味，适口者珍。臣心知齑汁美。”太宗笑问其故。曰：“臣一夕酷寒，拥炉烧酒，痛饮大醉，拥以重衾。忽醒，渴甚，乘月中庭，见残

雪中覆有齑盎。不暇呼童，掬雪盥手，满饮数缶。臣此时自谓上界仙厨，鸾脯凤脂，殆恐不及。

太宗问苏易简："什么食品称得上是最好的？"苏易简说："食物也没有固定的味道，适合自己口味的就是最好的。我内心深处觉得齑汁最美。"太宗笑问其故。苏易简说："有一晚特别冷，我拥炉烧酒，痛饮大醉，盖上厚被子。突然醒了，非常渴，在中庭，月光下见残雪中覆有齑盆。我来不及叫用人，用雪洗手，满饮数杯。此时我说上界仙厨，鸾脯凤脂，大概恐不及我这齑汁。"

齑汁是什么？一种说法大致是用盐腌制咸菜过程中产生的黄色卤水。

齑应该有很多种，北魏贾思勰所著《齐民要术》书中，介绍"八和齑"是用蒜、姜、橘、白梅、熟粟黄、粳米饭、盐、酱八种料制成的，用来蘸鱼脍。鱼脍就是生鱼片。

这种说法内藏一种玄思，引起了很多人的共鸣，被历代文人雅士引用。苏易简所说的“齑汁美”表面上强调的是个体独特性，其实这个意思里还包括审美的“瞬间性”。这个回答针对“食品”而言，更是合理。

但其实，“适口为珍”这个说法并非是二十二岁中状元的少年天才苏易简发明的。我最初的疑心是，关于口感上的鉴赏，年轻人再聪明也不济事。很简单，婴儿无疑是喜欢香甜软糯的食物，而咖啡、苦瓜、香烟、茶、烈酒要等到成年后才能享受。甚至，一个成年人要有极广阔的胸襟与体悟能力，才能享受到北京豆汁、上海醉蟹、广东鱼饭这类食品中厨师与本地人的良苦用心。

早在唐代，已成年的著名诗人刘禹锡写了篇《代武中丞谢赐新橘表》：

> 臣某言：中使某乙至，奉宣圣旨，赐臣新橘若干颗。特降恩光，猥颁庆赐。珍逾百果，荣比

兼金。臣某中谢。伏以丹实初成，苞贡爰至。芬馨味重，方列于御筵；雨露恩深，忽沾于贱品。感同推食，事等绝甘。岂惟适口为珍，实冀捐躯上答。臣无任感戴之至。

在这里刘禹锡用“适口为珍”，恰恰强调了美食的共通性，似乎还夸张地暗示：想不到我这么微贱的人，也能品尝出宫廷美食的好处。

对比之下，苏易简的确将这个词发挥得淋漓尽致。我们对比一下，明代人袁华在其《耕学斋诗集》中写过：“物岂有定味，适口为珍馐。”很普通。两者用法有云泥之别。

清代医神叶天士说过：“药不在贵，对症则灵。食不在补，适口为珍。”的确是有见地的看法。

但现在这种刚诞生不久的话已泛滥成灾，“茶无上品，适口为珍”成了比较有效果的推销话术。比较恶劣的用法是在八个字后面加上惊叹号：茶无上品，适口为珍！用在什么场合呢？凡是顾客指责商家的茶不好的时候，这句话就变成了不软不硬、软硬兼施的挡箭牌。

商家心中真的没有上品吗？未必。现在最为著名的茶叶山头是云南双江勐库镇的冰岛老寨，五年来价格扶摇直上，2016年已至每斤1.6万元。冰岛老寨每年出产大约10吨，但市面上可能多达上千吨，几乎每个茶叶店都能看到。

在另外的场景中，这句话其实是比较有涵养的遁词。很多商家真爱自己的茶，也会邀请茶人去品尝。茶人却之不恭，只好去了，哪知场面如鸿门宴般险恶——现场遍布录音录像的手机与专业摄像机。

喝了没几杯，主人图穷匕见："请问老师，你觉得我们这次拼配的茶叶如何？"窘迫的茶人在咔嚓声中很可能根本没有心情品尝茶汤的滋味，但话筒已经抵到胸口，甚至要塞入口中。他只好缓缓地说："很高兴来到充满禅意与'侘寂'精神的茶空间……众所周知，茶无上品，适口为珍……”

也就是说，咱们这位茶人已经投降了。在充满商战意味的场景中，我们应该允许茶人投降。喝茶，并不是生死攸关的事情。在这个瞬间，请大家原谅并允许一个茶人奇怪的沉默。

农药为何成为王者？

今天，有些商品的顾客与商家之间的关系几乎陷入了“塔西佗陷阱”。塔西佗在评价一位罗马皇帝时曾说过：“一旦皇帝成了人们憎恨的对象，他做的好事和坏事就同样会引起人们对他的厌恶。”这个词引入国内后意义发生了变化。总之，信用不再存在。

最明显的是茶行业。清明前后的采茶季，任何一个自媒体大号的“文章”都可能给茶行业带来极大伤害。2018年3月初，一篇题为《你喝的不是茶，而是毒药》的文章在30多家自媒体平台上疯狂传播，阅读量大都超过10万。第二天，茶行业协会发布声明，但阅读量才1万多。很显然，科学传播远远不如恐吓有效果。这篇文章其实来源于2012年的旧新闻稿件，当时华祥苑、八马茶业等企业正在IPO……还需要说下去吗？

2017年则是方舟子的文章，他针对的是普洱茶湿仓这一偏僻问题。大家担心此文打击到更大范围的茶，好在这是茶的单一品种，好在普洱茶爱好者众多，从普洱收购价格来看，方舟子的文章基本没有造成什么影响。

在正常社会中，最应该受到信任的是专家。但专家在中国有了“砖家”这个写法后，在一些人群里，相信专家成了一件很低幼的事情。

似乎很多不再低幼的人都洞悉了茶行业的秘密与专家的谎言。

那我们相信什么呢？

打开淘宝，你会发现，人们相信长相好的老爷爷，以及简单有效的表白：“我家六代做茶，凭的是良心。”

那谁有良心谁没有良心呢？仍然还是看美髯公

老爷爷的演技与长相。相信他，茶里没有农药，而且也没有中间商赚差价。在茶行业与方舟子的理论对决中，很多人支持方舟子，仅仅是因为村上春树说过："若要在坚硬的高墙与击石的鸡蛋之间做选择，我会永远选择站在鸡蛋那一边。"这种教条很多，比如"毕竟是入口的东西""宁可信其有不可信其无"……所以自媒体每年春天都会用农药来拯救自己的流量。

群众总是依靠故事来理解世界的。知识精英在解释中如果不提供好人与坏人，自己就会成为坏人。

关于农药残留的标准，陈宗懋院士的话可以帮助我们理解——农药标准的高低，取决于制定标准的国家是消费国还是生产国。就茶来说，欧盟不生产只消费，所以标准最高；日本既生产又消费，标准低一些。

很遗憾，我国在这方面的专家还比较缺乏。尽管郑观应在清末就提出了"商战甚于兵战"的理论，但实践才刚刚起步，未见章法。

以稀土为例。据最具传播性的电视节目《每周质量报告》2015年5月17日报道，北京市消协组织了一次针对茶叶产品的比较试验，八个乌龙茶产品和一个茉莉花茶产品的污染物指标不符合国家要求，稀土含量超过国家标准。其中有武夷星、八马等著名商标。这一结论在市场上立刻引发了恐慌性反应。

专家郑国建说，目前对茶叶所定的稀土标准是不合理的。一方面国际上对稀土并无规定，另一方面稀土含量并非茶农或茶叶企业所能决定或控制的。事实上，国家卫计委曾表示，稀土元素不完全有害，有些稀土元素对人体健康还有一定的积极作用。

2017年9月17日，《食品安全国家标准食品中真菌毒素限量》及《食品安全国家标准食品中污染物限量》正式施行，它取消了植物性食品稀土限量要求。这意味着茶企将不受“稀土超标”困扰，也不用再支付高额的稀土鉴定费用。

草甘膦一直是自媒体的最爱，每当流量不够的时候草甘膦就会被拿出来恐吓读者。但国人可能无法想象，这种在国内声名狼藉、几乎等同于剧毒的农药欧盟是允许使用的。在金融领域，草甘膦板块长期保持强势领涨。

这是为什么？草甘膦的相关争议从2015年开始。国际癌症研究机构公布了草甘膦可能对人类致癌的报告。随后许多政府部门与国际权威科研机构开始了长达三年的攻防战（与中国的稀土攻防战同步）。进入2018年，情况发生逆转，美国国会不再资助相关机构。更多国际科研机构发布对草甘膦有利的结果。

现在的局面是，国际上大多数权威部门不再禁止草甘膦。而在国内的微信圈，草甘膦成了最大的毒药。

根据陈宗懋院士的战略，因为我们是出口国，所以中国标准应该低于欧盟与美国，但结果是，在稀土标准上，中国居然曾经高于欧盟。在草甘膦的问题上，中国民间标准高于全世界。据《南方农村报》，中国标准草甘膦不得超过1mg/kg，而欧盟标准为2mg/kg（2012年）。在日本标准中，草甘膦的残留限量是中国标准的20倍。

中国对草甘膦的标准如此之严，是否意味着中国标准整体水平更高呢？在中国，2012年茶叶最大农残限量仅7种农药有规定，2014年有28项，2016年增加至48项。对比一下，2012年欧盟为227项，日本为200项。中国茶叶的安全生产之路任重而道远。

中国民间和朋友圈选择相信老爷爷，有效吗？一百年多前，中国茶叶只要贴上“怡和行”的标识，就是全欧洲公认的最高标准。“怡和行”被清政府压榨倒闭后，英国商人直接去中国茶农那里买茶，惊讶地发现纯朴的白胡子老爷爷往茶里加滑石粉（保持色泽光亮）。全世界媒体哗然，不久，中国从茶叶出口国沦为进口国。

品质只有靠品牌保护。品牌需要资金、技术与时间成就，白胡子老爷爷不可能守护我们的健康。

博尔赫斯的茶，与一位朋友徒然的一生

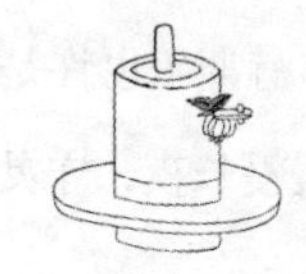

超市里出现了一款“南美马黛”茶饮料，立刻吸引了我，原因当然是我熟读的博尔赫斯小说里经常出现这种茶。

瓶身广告挖空心思地说：“马黛茶来自南美，相传须经五彩神鸟消化方可发芽。”听上去有点类似猫屎咖啡的噱头。不过，仔细看配料，其中的茶是“速溶红茶”“速溶绿茶”，内含的“马黛茶”成分只是属于香料部分，标明是“巴拉圭茶提取物”。

我并不是很失望，毕竟它让我接近了博尔赫斯的世界，一小步。

在小说《玫瑰色街角的人》里，博尔赫斯写道："胡利亚正沏着马黛茶。茶壶在人圈里传来传去；那个人断气之前，又传到了我的手里。"可见马黛茶之常见与重要。在小说《第三者》里，博尔赫斯（也许是无意识地）又一次写道："在那落寞的漫漫长夜，守灵的人们一面喝马黛茶，一面闲聊。"

在博尔赫斯笔下的日常生活里，只要一看到马黛茶，熟悉他的读者心就会提到嗓子眼，因为接下来就会发生意外，或重大转折。小说《结局》就这样不动声色完成了情绪转换："雷卡巴伦是杂货铺老板，他忘不了那次对歌的事；因为第二天他搬动几大捆马黛茶时，身体右侧突然动弹不得，话也不会说了。"

诗歌《城南守灵的一夜》里出现的马黛茶与在小说里很不一样：

> 我们估量着命运，在一间面向院子的洁净房间里

——这院子处于黑夜的力量与圆满之下——
我们谈论无关的事物。因为现实更巨大
在镜子里我们是百无聊赖的阿根廷人，
被共享的马黛茶量出无用的钟点。

马黛茶刻画出了阿根廷人的精神轮廓。

在自传性文字里，马黛茶的象征意义更清晰了。近四十岁时，经过别人推荐，博尔赫斯担任了米格尔·卡奈图书馆的“首席助理”。

具有讽刺意味的是，那时我已经是个有名的作家，只是图书馆的人还不知道。我记得有一次，一位同事在一本百科全书上看到“豪尔赫·路易斯·博尔赫斯”这个名字。发现那个人的名字和生辰跟我的完全相同，他感到很惊讶。我们这些图书馆馆员不时分得一公斤马黛茶，像礼物一样带回家去。有时夜晚一面向几里路远的电车站走，一面还激动得流眼泪。这种微不足道的礼物更加说明了我的存在的卑微和下贱。

博尔赫斯的马黛茶，在小说中作为生活中常用品出现，提醒日常生活即将出现的转折；在诗歌中，马黛茶凝聚了阿根廷的历史与宿命；在回忆录中，博尔赫斯罕见地直抒胸臆，坦承自己的“存在的卑微和下贱”。

博尔赫斯与同事们的工作无意义，仅仅是装模作样做图书索引——其实市级图书馆分馆的藏书很少，没必要做卡片。他工资很低，仅240比索。一个富裕的女友来图书馆看他，之后劝他找一个至少900比索的工资，博尔赫斯只有苦笑。后来，他被提升至“第二副主任”这一令人“头晕目眩的高位”，但，工资没变。

博尔赫斯为何能在极大的压力下仍然保持轻松？今天马黛茶在从事海淘业务的人看来具有让人“放松”的功能，这没准是真的。

我认识一位著名文学奖项的评委，有一次意外地听到他痛斥自己的学生不读书。我心中惊讶：学生不爱读书难道不是老师的问题吗？当然我没这样问，只是顺着他那种司空见惯的思路说，虽然我们这个社会看起来“浮躁”，但严肃书籍这些年来发行量正大幅提高，这表明读书的人越来越多。

评委几乎不管我节外生枝的新说法，继续斥责他的学生。我猜想，他的课堂或许也像这样充斥着枯燥而干裂的气息。好不容易考入985院校的可怜学生们课后要如何抚慰自己受创伤的灵魂呢？也许只能喝点啤酒吧。

后来，我听别的朋友说，这位评委四处说自己是全国工资最低的教授。我才意识到，这位朋友尽管接近退休，但四十岁就该明白的事始终没有明白。他的文章我读过，我觉得，世界上无论什么人或什么基金会，都不大可能为那样的文章支付昂贵的费用。

评委朋友的痛苦真没什么大不了的。写出杰作的博尔赫斯，四十岁还在区一级图书馆忍受低薪，内心却充满安宁。这也许是马黛茶带给了他保持平静的力量。

之后，博尔赫斯因为抗议庇隆政府而被取消图书管理员资格，被发配去市场从事家禽检查员的工作，多年后才成为国家图书馆馆长。而一直以来，他的风度与文笔都从未改变。

相比之下，我的那位朋友，也许仅仅因为没有真正领略过茶的香气与滋味，就只能徒然度过怒气冲天的一生。

奥巴马与马未都，谁更懂茶？

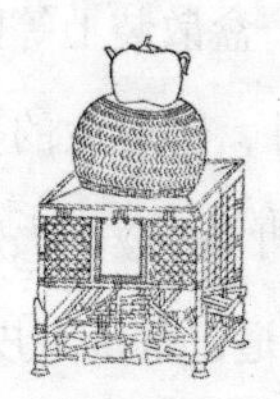

2018年印度总理莫迪访华，4月29日发了一条微博："边喝茶边进行富有成效的讨论。印中加强友谊有利于两国人民和全世界。"附带的两张图里，布置在东湖边的茶席颇为精致，引起了不少人关注。

其实2017年11月8日美国总统特朗普访华时，也曾在宝蕴楼喝茶，但关注的人不多。

的确，很少人注意到美国人一直在喝茶。与英国不同的是，美国有不少偏爱绿茶的人。据美国学者赖德烈所著的《早期中美关系史》统计："1810年红、绿茶的进口量基本相当。到了1837年绿茶占总数的五分之四以上。”

1785年8月17日，第一任美国总统华盛顿托去广州的美国商船为他采购的清单里有“一盒散装上等熙春茶”。熙春就是绿茶。为了换来茶叶，刚诞生的美国只有毛皮可以拿得出手。电影《荒野猎人》里火爆的毛皮生意极为震撼，但很少有人知道，争抢毛皮，为的就是去广州换茶叶。

与英国人“不一样”的饮茶方式，体现的是美国人的“爱国主义”精神。有必要的时候，他们甚至用不喝茶来抵抗英国传统。

后来，为了控制与扶持南美，美国人喝起了咖啡。不过，美国人与咖啡之间缔结的婚姻是让人烦恼的。

美国试图用咖啡控制美洲的计划一直不顺。1930年，巴西自由党发动革命，推翻了美国人支持的路易斯政府，上台的是瓦加斯。1954年，国际咖啡行情下挫，瓦加斯总统派代表向美国银行借钱，遭到拒绝。瓦加斯于当年8月24日在其卧室吞枪自尽，终年七十一岁。90年代，美国扶持越南咖啡，一直扶持到全球咖啡供过于求。

政治影响了美国人的口感与味觉，但味觉一旦时机成熟，还会苏醒过来。

据《金融时报》2015年3月18日报道，美国年轻消费者开始热衷喝茶而不是咖啡，2014年美国的茶叶进口量首超英国。这个数据是稳定的而不是突发的，国际贸易中心（International Trade Centre）数据显示，十年内美国茶叶进口增长了30%。具体数量是，2014年，美国进口129 166吨茶叶，英国则进口了126 512吨。

尤其令茶行业的人（比如美国茶叶协会主席彼得·戈吉）欣喜的是，这批新增的茶叶消费者是16~26岁的年轻人。跟所有的消费领域一样，这批年轻消费者的增加意味着长时间段的顾客数量的稳定增长与消费者自发的持续宣传。

以前的美国茶叶消费以冰茶为主，现在热茶消费正在增长。冰茶其实还是有点靠近饮料，用开水泡茶就比较接近中国人心目中“真正的饮茶”，这对茶行业来说是大好事。

美国人饮茶也有其传统与迷信。当《纸牌屋》里的安德伍德总统在竞选活动中疲于奔命、嗓子沙哑时，他回过头对随行人员念叨的就是“蜂蜜柚子茶”，中国观众对这个不那么灵验的秘方自然是心领神会。在电影《深海浩劫》里，石油公司的工人因工作环境限制，体重受到严密监控；他们在交换瘦身秘籍的时候相信“绿茶加瑜伽”，咖啡则要少喝。

这个情况星巴克不可能没感觉，他们通过收购专营茶饮的茶瓦纳（Teavana）公司进入茶饮料市场，不过进展不太顺利。在中国鲜为人知的是，可口可乐兼并了一家专门制作茶饮料的公司“诚实茶”（Honest Tea），目前“诚实茶”已经成为可口可乐旗下盈利增长最快的品牌之一。

美国人能够通过融资与扩张，让美国“必胜客”

成为意大利比萨的代言人，让美国“哈根达斯”成为乳制品冰激凌的代言人——请注意哈根达斯的拼法Häagen-Dazs，看上去或读上去像是德语或北欧语。现在，哈根达斯还为中国人生产月饼。

这个“诚实茶”又有何奥妙？首先，它是奥巴马最喜欢的茶。

2016年，奥巴马在杭州参加G20峰会的时候，国家主席习近平与他结伴夜游，去临湖的“清漪晴雨”亭喝茶。奥巴马喝茶的图片流传很广：他拿掉盖碗上的盖，用碗喝了起来。

饥渴难耐的自媒体笑了个够，他们发出马未都先生的视频截图——在一期《观复嘟嘟》里，马未都认为拿掉盖子的喝法“你是没让清朝人看见，就没见过这么粗俗的人”。马先生推荐的正确喝法是捏住了盖碗当箅子，直接喝。

爱用盖碗喝香片的清朝人一直觉得自己“规矩多”，但在我看来，他们未必比美国人奥巴马更懂茶。

茶文化学者关剑平曾说，从茶书的著述上可看出，明代中国传统茶学的发展已经走到了尽头。

在清朝，《清史稿》认为八旗子弟在文化上“渐习汉俗，于淳朴旧俗，日有更张”。

是否真有什么“日有更张”，应该是见仁见智的事情。清朝人喝茶，观众更熟悉的是电视剧里端茶送客的所谓清朝官场礼节（如果这也算礼节的话）。

王国维在《茶汤遣客之俗》一文中都说：“今世官场，客至设茶而不饭，至主人延客茶，则仆从一声呼送客矣，此风自宋已然，但用汤不用茶耳。”王国维考证的功夫当然一流，可他是清朝遗民，虽是学术大家，但对清朝的情感太深，丧失了学者安身立命的警惕。

金史学者薛瑞兆在《文史》杂志发表过一篇短文《元杂剧中的“点汤”》，引《南窗纪谈》一书证明，宋朝习俗中，茶是茶，汤是汤。客至设茶，送客点汤。据宋彧《萍洲可谈》：“今世俗客至则啜茶，去则啜汤。汤取药材甘香者屑之，或凉或温，未有不用甘草者。

此俗遍天下。”客人来的时候喝茶，走的时候喝汤，这是当时全国风俗。

汤里有各种水果，宋赵希鹄的《调燮类编》记载的诸般汤品有橘汤、暗香汤、天香汤、茉莉汤、柏叶汤、橙汤等等，类似翡翠台里广东人爱喝的“糖水”。宋人为何要请人喝“糖水”？《南窗纪谈》的猜测是“客坐既久，恐其语多伤气”。

如果晋朝是清谈文化，我觉得宋朝是“剧谈文化”。剧谈之“剧”会到何种程度呢？杨万里《诚斋诗话》有如下记载：

> 东坡谈笑善谑。过润州（镇江），太守高会以飨之。饮散，诸妓歌鲁直（黄庭坚）《茶》词云：“惟有一杯春草，解留连佳客。”坡正色曰：“却留我吃草。”诸妓立东坡后，冯（凭）东坡胡床者，大笑绝倒，胡床遂折，东坡堕地。宾客一笑而散。

茶助谈兴，一两个时辰之后，“语多伤气”者有之，“大笑绝倒”者有之，客人喝点“糖水”补充营养，兴尽而归。宋朝不愧是礼仪之邦，待客之道殷勤体贴备至。

薛瑞兆认为：“设茶点汤的礼节盛行于宋，并流传到北方的辽金，只是次序更改为‘先汤后茶’（宋张舜民《画墁录》卷一）。这也许是清代端茶送客的始由。但是，这种礼节在当时就已发展到虚伪不堪的地步。”

清人没能理解就死记硬背，顺序还错了，宋人的“客罢点汤”变成了满清官员逐客的“规矩”，夫复何言！

奥巴马虽然对茶具不熟，但他偏爱喝“诚实茶”，可见他喝茶段位不低。

从宋徽宗开始，茶叶品鉴就是四个字——香、甘、重、滑。但茶绝对不是越香越好，越甜越好。

为什么？据诚实茶创始人介绍，市面上很多茶饮料用的是劣质茶叶，因此要加很多糖来掩盖味道。诚实茶则坚持低糖，用好茶叶让顾客尽量品尝到茶的原味之美。

据跑白宫的《波士顿环球报》记者瓦艾瑟透露，奥巴马几乎不喝咖啡，他只喝茶。“说句老实话，我想不起来他喝过咖啡。”奥巴马的演讲撰稿人、咖啡爱好者法夫罗说：“我看到他经常要茶喝，但从来不要咖啡。”奥巴马在星巴克也是喝茶。

奥巴马最喜欢的是诚实茶中的“Black Forest Berry”。诚实茶装在瓶中，喝的时候奥巴马将茶倒在陶瓷杯中喝。他应该不会用盖碗。

诚实茶瓶盖中印有名人名言，一度他们印上了成功商人特朗普的励志鸡汤：“If you're going to think anyway, you might as well think big.”。

这是句稍稍缩减了特朗普《做交易的艺术》一书的句子。原句大意是：我这个人有野心，好大喜功；既然人们总是要想些事情，他们应该像我一样，想点大事。

结果，特朗普宣布竞选美国总统。

这家小公司有点无所适从，不知道怎么处理这件事。他们怕的是这个口无遮拦、难以预测的候选人影响茶的销售。

“我不认为有机绿茶的消费者是拥护特朗普的目标人群。”在美国人道协会工作的夏皮罗在推特上说。

民主党人奥巴马代表着进步、健康和瘦削，所以他支持新能源，喝绿茶。对立面特朗普自然是爱石油、每天喝12罐可乐、大腹便便……所以夏皮罗有这个说法。

有上百年历史、老谋深算的上级单位可口可乐向诚实茶建议，产品包装上引用已故人士的名言会减少风险。于是，特朗普的名言就从瓶盖中消失了。特朗普在推特上闷闷不乐地说：“可口可乐公司不喜欢我——那也没关系，我还是会继续喝那些垃圾。”

茶道与味道

关于茶，我一向说得比较直。这不是冲动，而是深思熟虑的结果。因为以往谈茶的方式，已远离今天的饮茶日常。

今天讲得最多、其实最不被人需要的就是茶如何被分为六大类，以及如此分类的必要性。也许很少有人知道，这种分类方法仅仅才诞生了不到五十年。另外容易听到的是，茶叶有许多省优部优品牌，并不为人所知——因为有许多知识需要记、需要背，听众感受到了巨大的精神压力。

每一次茶会，如果有新人参加，还会涉及另一个棘手的话题：茶道，中国有没有茶道？

因为通常的说法是，日本的茶道是从中国“传过去”的，那中国为什么没有了？

我觉得直接说比较好：中国没有茶道。孙机先生的说法更准确：中国没有日本那样的茶道。因为《新唐书》认为“茶为食物，无异米盐”。

但这种说法无法覆盖整个中国茶叶历史。与茶相比，大米和食盐所包含的工艺秘密与品饮仪轨（如果有的话）几乎可以忽略不计。

就日本来说，他们的茶道是逐渐变化的，到千利休形式才趋于完美。在此之前，荣西和尚认为茶是“养生之仙药，人伦延龄之妙术”。后来一些武士开始在喝茶上讲究起来，有了一些仪式，比如猜喝的茶是哪一个种类。因为日本茶的种类太少，这种活动的意义实在是乏善可陈。

在日本，是村田珠光开始使用“茶道”这个词，他的说法是：“一味清净，法喜禅悦。赵州知此，陆羽未曾至此。人入茶室，外却人我之相，内蓄柔和之德。至交相接之间，谨兮敬兮清兮寂兮，卒以及天下泰平。”

值得注意的是，茶道命名者村田珠光强调的是僧人的饮茶心得，还认为这种方式要远远高于陆羽。喝茶的人对陆羽不敬，这在中国人看来是令人惊讶的。我觉得这可能与陆羽一直推崇茶的味道有关，日本茶味道一般，对陆羽的种种说法当然似信非信，腹诽就难免了。荣西和尚早就说过，“茶是味之上首也，苦味是诸味上首也。”这种说法也不是没道理，只是让中国茶人感觉奇怪，刚一听到也不知道怎么反驳，仿佛一个不怎么看娱乐节目的人猛地从电视里看到金星获得了选美冠军，哑口无言。

眼尖的人应该发现了，村田珠光提出的“谨敬清寂”四个字，与千利休的“和敬清寂”差一个字。千利休改的有道理，“谨”与“敬”其实有重复，“和”字打头，赋予后面三个字一片温暖。

在此之前，中国早就有“茶道”这个词了，只是没有什么体系，往往指的就是茶艺之类。

那么，中国茶是否就有所欠缺呢？我觉得并没有。有人欣赏日本茶道，另外有一些人贬低日本茶道，认为日本茶道只是保存了宋代中国寺院一部分饮茶方式，而且存在种种不足。这种挑剌与找茬，其实是源于内在的“欠缺感”。

如果有定力，无论今天日本茶道在全世界有多成功，也不应该引发我们的“缺憾感”。因为我们中国人一直在喝茶，曾经有过的中断也可以经由时间连缀起来。台湾食养山房有一段视频在网上流传很广，看过的人都有一种久远的熟悉感。没错，认真仔细地构造一个茶空间、喝茶，本来就是中国人忘不掉的习惯，随时都能找回——也许找回的时间需要长一点，这无伤大雅。

我慢慢发现，中国人喝茶，能够品出其他民族觉察不了的味道，茶道之上，正是中国人的味道。在我们看到《舌尖上的中国》之前，我们也仅仅是对味道有信心，在味道之外，中国美食似乎同样是有“欠缺感”的。但看过这个纪录片之后，中国人的美食空间、餐具与桌椅已经不那么重要了。是的，在发达国家，餐厅更辉煌，餐具更考究，但他们有他们的，我们也有我们的。我们可以去追，也可以不去追。

有个朋友跟我说过一个家庭妇女移民到澳洲后，参加了当地社区组织的烹饪交流活动，慢慢地她就成为了当地的食神，引导全体妇女做川菜。我听到这个消息一点也不意外，反而感觉消息来得太晚。

我期待的是，也许在不久的将来，传来社区食神开始教居民喝茶，中国除了红茶、绿茶，普洱与岩茶也值得她们刻苦学习，因为收获实在太大，一生不容错过。

马云为什么去做普洱？

才者、太极禅苑联名发售了“货郎普洱”。

才者是云南普洱茶商，太极禅苑则“由阿里巴巴董事会主席马云和国际功夫巨星李连杰发起，以中国传统文化为精髓、以传播健康快乐的生活方式为初衷”。

自媒体“茶业复兴”透露了这款“货郎普洱”的简短信息：“选用无量山有机古树茶为原料，老茶师遵循古法制作，让人饮自然之味，享平衡之美。”“平衡”这个词显然是懂茶的人才会用的。好茶能“释躁平矜”，让身心回归平衡状态。

石昆牧在《经典普洱名词释义》（2006年出版）一书里，对无量山茶的评价如下：

大叶种野生野放茶特色：舌面中段香甜回甘，香在上颚中段，苦涩度不高。因茶区生产范围大，较无个别茶区特色。

看了这些信息，坦率地说，我的观感是：好像看不出来有什么特别的。

其实，这是马云与李连杰做的第二款茶了。早在2014年，他们就与柏联普洱茶庄园合作，联名推出了“太极禅”系列的普洱饼茶，有2999、1999、999、559、359元等不同价位。茶来自景迈山，其中2999元的茶来自上千年古树。

石昆牧对景迈山茶叶的特点归纳如下：

中小叶种野生野放茶特色：茶菁颜色偏青绿，

条索较短，以轻发酵甜香著称之茶区；上颚中后段的清甜略带花香为其特色，与舌面中段甘韵表现佳，汤质滑、较薄。

也就是说，三年后，马云和李连杰换了个合作公司，换了个茶区，继续做普洱茶。“太极禅”系列的宣传里有很多关于“太极”的理念，“货郎普洱”则仅有一些“阿里巴巴”公司的官方理念。

喝过“太极禅·秋月禅心”的朋友说，味道很“淡雅”。其实人民网早就发过一篇新闻稿:《马云玩普洱茶：秋月禅心收藏价值不明显》。那么，这一次“货郎普洱”命运会如何？会如“太极禅”一般清淡吗？

如果我们从马云的电影《功守道》来看，“货郎普洱”与这部电影可称得上是一脉相承。

《功守道》里，太极拳高手马师傅在回忆中与各种人（李连杰、吴京、邹市明、托尼·贾、朝青龙等）过招，最后来到华山派出所“踢馆”——他没看清被树叶挡住的“出所”两个字，以为这里是“华山派”。派出所干警也算通情达理，放过了马师傅。

有人稍嫌刻薄地说，这个电影就是《红楼梦》中的一道菜：茄鲞。王熙凤介绍：“把才下来的茄子把皮劉了，只要净肉，切成碎丁子，用鸡油炸了，再用鸡脯子肉并香菌、新笋、蘑菇、五香腐干、各色干果子，俱切成丁子，用鸡汤煨了，将香油一收，外加糟油一拌，盛在瓷罐子里封严，要吃时拿出来，用炒的鸡瓜[1]一拌就是。”

情节简单，台词也简单。一句“一点浩然气，千里快哉风”，没听过的人也许觉得颇有意味，但其实范曾、于丹等人都曾引用过。

整个电影看起来有故事，有特技，什么都有，也还行——毕竟不卖票，免费看。

那么，这部电影就是为了给双十一购物节热场？

---

1 鸡瓜，鸡的腱子肉或胸脯肉。因其长圆如瓜形，故称。一说即鸡丁。——编者注

我觉得也不是，毕竟阿里影业三年来波折挺大，他们并非没有企图。

2015年底，阿里影业副总裁徐远翔说过，阿里影业不需要专业编剧，网上海选就好了。这句话出口，轩然大波是少不了的。

2016年票房扑街的《摆渡人》应该是给阿里人上了一课。砸钱请王家卫、梁朝伟随便拍一拍演一演，是不行的。

清初思想家顾炎武在《日知录》中写过："天下水利、碾硙、场渡、市集无不属之豪绅，相沿以为常事矣。"吴晓波称这种买卖为"渡口经济"，并进一步分析豪绅一般不会直接进入生产领域。

"淘宝"这个平台其实就有点像"渡口经济"。也许正因为此，马云要涉及生产领域了。

在《功守道》里，马师傅有两次自黑，一次是洗脚，一双脚洗黑了一池碧水。但其中的自黑也有自傲：毕竟走的路多；毕竟黑了一水池的事情，王羲之也干过。

一次是说“武功再高，也怕菜刀”。

这个“菜刀”就是意外。这种意外就是，有些事情是花钱买不到的。电影就是例子。

在普洱茶里，人人争说“老班章”和“冰岛”等名山，这些名山不好买，买下来也有可能“扑街”，因为意外太多。在茶这个古怪行业里有句笑话说，买茶人比卖茶人更懂茶。

2013年6月12日，马云和李连杰在云南旅游，李连杰在微博晒出年头有108年的普洱，据说是百年宋聘。

但他们做的“货郎普洱”却不是顶级茶，而是比较实在、不出意外的普洱。这也是比较稳妥的、花钱可以买到的效果。有机古树，没有“太极”也没有“禅”，价格是不卑不亢的1999元。这个商业逻辑也许能够形成闭环。想想这或许是马云这个茶叶外行最好的选择。

茶人应感欣慰
方舟子谈茶，

茶行业内的人有时候会喁喁私语：不是说人均收入达到多少，茶文化就会爆发性增长吗？但怎么总看不到喷发的迹象啊！

现在迹象来了：方舟子已经谈茶了。而且一谈即是痛点。

方舟子写的《喝茶能防癌还是致癌？》2017年7月在《科学世界》的《视点》栏目发表，7月14日又在《科学世界》的公众号上发布。该杂志由中科院主办，内容可信。同期《探索》栏目中《警惕止咳水成瘾》下的文字是："喝止咳水也能成瘾？以后还能不能好好咳嗽了？”说明这个编辑团队专业而欢乐，其审稿流程应该是可靠的。

方舟子此文前面谈喝茶不一定防癌，逻辑是自洽的。他认为科学界只是证明了茶里所含的多酚类物质在动物身上能抑制癌细胞生长，也能防止多处器官长癌。这是由动物实验得到的结论，而动物实验结果和人类饮茶防癌是两码事。要证明人类饮茶防癌，必须通过流行病学调查，但这类调查往往比较粗糙。更有说服力的是人体临床试验，这方面的实验又很少——小型临床试验显示，口服绿茶提取物能显著降低癌变的风险，但还需要大型试验的证明。

关于茶的文献，我看到过绿茶对糖尿病有好处的报告。但既然我们专注于谈茶与癌症，就不展开谈其他病症。

方舟子特别提到了普洱茶：“有一种茶我是从来不喝的，那就是普洱茶。首先是因为喝不惯，质量号称很好、很贵的普洱茶在我喝来都有一股发霉的味道。”“号称”这个词用得好。也就是说，方舟子对发霉的普洱茶是否真的很好、很贵，并没有把握——简单说，方舟子应该没喝过像样的普洱茶。因为，质量真正很好、很贵的普洱茶没有一丝一毫的发霉味道，反而有兰香、枣香、参香等自然香味。

接下来，方舟子公布了两篇论文。一篇论文提到，2010年广州市疾病预防控制中心研究人员抽查了广州市场上的70份普洱茶样品，均检测出黄曲霉素，其中8份超标。另一篇论文是2012年南昌大学一名食品工程硕士研究生重复广州疾控中心的研究，结果也和广州疾控中心一致——从南昌市场采集的60份普洱茶，全都检测出黄曲霉素。黄曲霉素会对肝脏造成严重损害，并有强烈的致癌性。

那么，方舟子的结论是对的吗？很遗憾，是错的。因为两篇论文中都提到，研究者研究的是普洱茶中的少数——“湿仓茶”。这种茶喝的人很少，不能用来作为常见普洱茶的样本。

正确存放二十年以上的老茶非常珍贵，味道犹如琼浆玉液。2013年“嘉德秋拍”，产于20世纪初的福元昌圆茶（一筒七饼）拍出了1035万的惊人高价。2016年5月，北京“东正春拍”，百年红标宋聘号圆茶一饼以260万高价落槌。

所以，香港的一些茶商琢磨出了让普洱茶快速陈化的鬼点子，“湿仓茶”就是他们的产物。因为工艺极其保密，谈湿仓的人多，见过湿仓的人却极少。原因很简单——这是商业秘密，而且是不道德的商业秘密，不可能公之于外人。

台湾茶人周渝藏有真正的老茶，也请朋友喝。二十年前，一位四十来岁、身体看起来很壮的大企业家，说自己不敢喝茶，因为喝了不舒服，周渝就请他喝了真正“号字级”老茶。他一喝，觉得很舒服，但仍然很谨慎，拿了一点回去给私人医生化验。“当时他已经在市面上化验过托人从香港带来的老普洱茶了，大多是湿仓茶。他说只有我的茶里面的菌类全是益菌。”周渝说。也就是说，湿仓茶的问题在香港、台湾早就出现了。

周渝回忆自己亲眼所见的湿仓：“香港的湿仓我在二十多年前就去过，有一次把我吓到了，这是在当时还没有修机场的大屿岭。坐船过去，一个破房子，地面还是泥土的，一打开，那个味道把我熏得往后退好几步，墙上是绿色、黑色、粉红色什么的一块块霉。”

这不是湿仓，而是最为极端的垃圾仓。

因为人们对湿仓茶的恐惧，一些不良商人适时推出了所谓的“干仓”。他们将粤港澳地区的茶都称为湿仓，将非粤港澳地区存储的茶称为干仓。其实，像北京、上海这样平均温度湿度低的地方，想要存放出合格的老茶，也许需要三五十年。

世界上的茶只有干净与不干净的区别，没有干仓与湿仓的区别。

喜茶疑云

喜茶的全国性名气是在上海产生的。澎湃新闻里面提到，买喜茶要排5小时的队。

这个时长无疑震惊了很多人。接着，后续报道多了起来。然而喜茶的经营没有引起重视，记者更关心的是如何呈现排队这个怪现象。

记者采访了据说来自喜茶发源地广东的陈小姐，她说广东当地喜茶从不用排队。

我很早在广州东方宝泰喝过喜茶，排了长而弯曲的队，时长（也不过）大约二十分钟——喝完的感觉很值。在广州，我发现除了热恋中的情侣之外，没有比我更爱排队的人。只要见到长队我都会去排，没有一次失望过。

于是有人问我喜茶好不好喝。我说买一杯尝一下就知道了，对方说没时间。这就让我有点不快了——我不想被物化成一块滴滴答答的手表。然后有人问我，喜茶是否雇人排队。我觉察到对方内心已有答案，只是找我求证。但回答这个问题，需要一个合格的调查记者投入很多精力才能完成，为何要我草率回答?

我期待纸媒来一篇犀利的调查报道，可惜纸媒最后让我失望了。

好在我们等来了36氪的调研报告与正和岛的采访。

目前的茶产业被市场划分为三种，一种是用茶壶、盖碗冲泡的“原叶茶”，一种是街边店的奶茶，第三种是“新茶饮”。据36氪的调研报告称，除喜茶外，新茶饮还有“因味茶”“奈雪の茶”“煮葉”等品牌。“因味茶”和“煮葉”的创始人分别为麦当劳和星巴克的前高管，而“奈雪の茶”已获得天图资本过亿元的投资。

星巴克的高管出现在这里一点都不奇怪，要知道，星巴克早就对茶叶市场虎视眈眈了。被业内人士称为“中国新式茶饮元年”的2016年，星巴克与无印良品等大品牌联翩进入该领域。据“茶语网”品评，无印良品茶叶不错，性价比高。星巴克则仓促上阵，首战不利，在差评声初起时以迅雷不及掩耳之势换“茶瓦纳”上架，总算稳住了局势。

这里有必要介绍一下欧美的情况，美国的茶叶销售当年已经超过咖啡。咖啡与英式传统红茶中的糖分是对健康不利的，而欧美年轻人对健康非常注意。糖引起他们的警惕之后，中国茶叶的销售量开始扶摇直上。英式红茶的种植与选种的目标在于茶叶中的“涩”，这种“涩”与牛奶和糖搭配起来非常合适；但如果清饮，其口感仍然不如中国茶。

也许我们应该可以看出端倪：抢占茶叶市场的战斗不知不觉已经白热化。只是因为纸媒最近的低迷，我们才对茶行业的巨变完全没有感觉。

喜茶为什么成功？喜茶创始人聂云宸说，因为“很烂的奶茶店，时不时门前也会排队”。那些店里的奶茶是用奶盖粉、香精和莫名其妙的鬼东西冲兑出来的。而调研报告称，喜茶购买茶原料的成本在400元/斤，即使放在传统茶行业内也算中高端水准。

消费者能清醒过来了吗？调研报告说：“80%的消费者能喝出好茶和劣质茶的差别，但喝不出不同茶的区别。”所谓“不同茶”，无非是铁观音和正山小种的区别而已，顾客有必要知道吗？知道有什么用？反正奶茶里也没有正山小种或其他任何正常的茶叶。80%的消费者能喝出好坏，这个数字已经很让人感动了。梁实秋问过：“不喝茶还能成为中国人吗？”如果喝不出好坏，中国茶的产业根本没有必要发展下去，茶行业还不如直接成为空间美学和陶瓷美学的附庸。

根据欧睿的统计，2010年中国茶饮料市场规模就已经达到756.26亿元，这一数字还在快速增长。2015年，全国干毛茶产值1519.2亿元。奶茶店却在快速萎缩。新茶饮在一线城市酝酿的销售势能一旦聚集够了，淹没二三线城市市场不是悬念。在哪些地方成功，只取决于品牌持有人的布局。

值得我们担忧的是，用盖碗冲泡原叶的传统茶市场将会如何？他们一直在期待茶文化的兴起，但有没有想过，那一天的胜利者中还有没有自己的身影？

假的赛博朋克就是没有茶，你的

即使是科幻迷，也很少留意科幻小说中的茶道。

这大概是因为，大多数科幻小说本来就是社会主义现实主义风格的。虽然科幻小说的巅峰之作往往诞生在欧美国家，但相当多作品的根还深深扎在俄罗斯和日本——这两个国度的读者一直深爱着社会主义现实主义风格的小说。具体表现是，小说不注重细节（也从没想过细节可以蕴藏讥讽、象征、反讽等强有力的精神能量），对话多描写少，主旨往往在于批判人类贪婪。

电影改变了这一切。

爆米花商业大片长期面不改色地兜售"人类很贪婪""科技被滥用""环境易破坏"这些陈词滥调——只要有票房，账上很好看，就没觉得不好意思。但有良心的导演，渐渐注意到用视觉效果来展现科幻世界其实是非常枯燥的，大落地窗、大液晶屏、大型枪支……光是这些，不太好每年都拿出手。

早在1982年，雷德利·斯科特就将絮絮叨叨的科幻小说《仿生人会梦见电子羊吗?》改编成了电影《银翼杀手》。这是赛博朋克艺术风格的奠基之作：一直下雨的阴沉天空、画面边缘经常出现的汉字、必不可少的中国人配角、主角淡漠谈论的生命话题……这些都成了新时代最酷的影像元素，而最后但并非最不重要的是——茶。

在有些中国人看来，茶要么是"柴米油盐酱醋茶"中的低档茶，要么是"琴棋书画诗酒茶"中贵得不像话的茶，绝对想不到茶与"时尚""尖端""酷"有什么关系。

《银翼杀手》中哈里森·福特出场的第一个画面里，在卖饺子和烧烤的大排档前，一个白种人左手持白瓷壶，正笨拙地往右手的杯子里倒茶。福特就在飞行器、外星人和茶的环绕下，打磨他的方便筷子。未来世界杂糅混乱但精彩纷呈的生活场景在这个瞬间被完美呈现出来了，什么都不缺——当然，这一切都在等着一大群莽汉用激光武器扫射过来。

《攻壳机动队》继承了《银翼杀手》香港九龙城寨的审美，并将其发扬光大。繁体字招牌遮蔽了天空，粤语歌曲时隐时现，中国式菜市场在杂乱的外观下自有其秩序……押井守当然不满足《银翼杀手》里不纯粹也不精确的中国风，他更深地理解了九龙城寨——不过，1993年九龙城寨被拆毁。

押井守的另一部电影《攻壳机动队2：无罪》是真正的杰作。这部电影主要讲巴特与陀古萨去办案，他们接入网络的大脑被黑客入侵，但最后挣脱出来，并击败了敌人。

巴特与陀古萨拜访了择捉岛上的黑客金，后者布下系统陷阱。但他们二人茫无所知。

“金晃晃悠悠地站起来坐回椅子，拍了拍手，50厘米高的发条式人偶颤颤巍巍地端着茶具托盘走了进来。”小说如此写道，电影也正是这样展示的。

“机器人偶走到了陀古萨的旁边停下，陀古萨低头看了看，在茶水里面加了些牛奶，搅拌了一下，端了起来……茶杯中，牛奶缓缓地旋转着，生成一条乳白色的痕迹，渐渐融化在茶水中。”其实这个时候，陀古萨的大脑已经被入侵，而茶则是迷幻的催化剂。

“手里的茶杯，里面的牛奶还没有融化完全，如龙一般蜿蜒在茶水中间。巴特站在陀古萨的背后，如手枪般形状的电子脑铐接入了陀古萨颈后的电子脑输入输出端口。”这条龙可圈可点。

“书架前的陀古萨仍然呆呆地看着茶杯，对着迷幻的一切还没有一个清醒的反应。”

陷阱被揭穿后，金的头猛地一颤，然后失去了动力般耷拉下来。而退到墙角端着茶具的人偶却突然扔下一切，飞奔向门口。当然，它立刻被强大的火力击碎了。

这是整部电影的高潮，因为复杂情节与紧张气氛让人喘不过气来，而茶在这里推波助澜，让两个侦探愈发沉溺于回忆与幻象不可自拔。所以，无论博览群书的押井守是否读过卢仝的《七碗诗》，他一定明白茶与迷醉不可分割，“五碗肌骨清，六碗通仙灵”也绝不是传说。连英国人麦克法兰也说过，茶是一种健康的“上瘾品”，何况一衣带水的饕餮读者押井守。

博物学家的茶叶探访

《茶叶边疆》的作者有一种奇怪的谦逊态度。他们在瘴气中呼吸，却并不记录下自己的感受。他们引用《清代云南瘴气与生态变迁研究》一书中的内容来印证眼前的瘴气。他们还忠实记录当地农民明显不合理不科学的，关于瘴气的传说。

他们这样深入双江勐库镇，去今天茶价高昂的冰岛村所在地探寻汉族认知之外的茶叶。

冰岛村的茶叶价格2016年扶摇直上至每斤1.6万元，如何理解？如昆德拉所说，人心里有一个天生不可驯服的欲望：在理解之前进行判断。很多人觉得这里面有阴谋，简单来说，就是炒作。

价格上涨之前，詹英佩在《茶祖居住的地方：云南双江》一书中早就讲过此处：1949年前，这里的茶叶商号的掌柜们在极端险恶的环境中，穿越瘴气与匪徒的封锁，将茶叶卖到国外，获得巨额财富。他们拥有别墅，子女在牛津剑桥读书，但在一瞬间他们失去了所有。詹英佩的镜头中，年迈的遗孀站在残垣断壁间，仅有的遗物是脚边的压茶饼的石模。

詹英佩相信，云南少数民族驯化普洱茶已有上万年的历史，这可敬的探索却没有留下文字。

仅有全世界仅存的巨型茶树召唤茶商一再重启历史。

陆羽《茶经》开宗明义点出了他关注的茶树是巨大的乔木："茶者，南方之嘉木也。一尺、二尺乃至数十尺。其巴山峡川，有两人合抱者，伐而掇之……"

熟读《茶经》的人多，但惊觉陆羽所说的茶与我们今天常见的茶有天壤之别的人，恐怕不多。需两人合抱、高达数十尺的茶树，在云南尚不难见到。那些巨树的叶子所浸泡出的茶汤，香气四溢，能抚平心灵的褶皱，人类应该感恩。纪录片《茶，一片树叶的故事》的标题，在巨树面前稍显轻佻。在唐代说“嘉木”是恰当的，因为“嘉木”还多；今天，用“仙叶”称古树也许更合礼数。

野生茶有微毒，经过人类上万年的驯化，茶不仅变得无毒，而且高过了我们的精神天花板。冰岛村原是傣族土司经营了六百年的育种基地，也许我们今天的口感就是种茶人雕塑的结果。没有文字的民族掌握着遗传学秘密，这不奇怪。在孟德尔发现遗传学秘密并将公式清楚明白地显示给世人之前，欧洲当地农民早已经掌握了科学定向培养植物的方法。

在今天，每年4月泼水节的时候，只要冰岛村的锣鼓没敲响，勐库坝和勐勐坝的锣鼓绝不敢敲响。这种习惯被保留下来，表达了本地人对持续六百年探索的敬意。来冰岛村朝圣的人络绎不绝，而《茶叶边疆》

留下的文字完全不同，因为他们“会问问题”。

周重林团队在巨型茶树间穿梭，并没有在思古之幽情中不可自拔。他们没有忽视跟价格有关的热点问题。

价格始终与口感相关，而口感难以显形。民国旧刊《边政公论》中有记载，当时同级别的茶叶价格的高低取决于茶园周边的植物品种的优劣——如果周围是樟树林，则茶价较低；如果是多依树林，则茶价最高。今天很难解释这种价格现象，但我们至少知道，茶商掌握了让口感提前显形的秘密。

唐安南经略使樊绰在《蛮书》中第一次提到了普洱茶：“茶出银生城界诸山。散收，无采造法。蒙舍蛮以椒、姜、桂和烹而饮之。”所谓“无采造法”无非是“采造法”不合于汉族制茶法，或者汉人看不懂“日光晒青”而已。

事实上，“蒙舍蛮”建立的南诏国东征西讨，将他们的饮茶方法带到了很远的地方。今天凡是喝“罐罐茶”（又名雷响茶）的地方，都是南诏国征服过的地方。祖籍四川会理的彭家声，在缅甸仍以烤茶招待中国客人。这种方式看似原始，但避免了普洱生茶中含量过多、口感也过于浓烈的茶多酚。

喝雷响茶的一刻被年轻作者细心记录下来：“我端起倒入花色玻璃杯的烤茶，轻轻抿了一口，苦涩味从舌面疾驰而去，烟火气充溢整个口腔，杀气腾腾。”

而这只是当地人的日常生活：“我吃雷响茶有瘾，早上、晌午与下午都要喝一罐，不喝一天没有精神。”

在另一处，得知客人想喝一罐烤茶时，老人很开心。他说现在寨里的年轻人不太喜欢喝这种茶了，“主要是嫌麻烦”。烤茶的确麻烦，旅行家徐霞客把烤茶称为“百抖茶”，就是依据这个来回抖茶的动作命名的——频率快，来回多。

西南地区星罗棋布喝烤茶的地方，都有火塘。随着火塘的消失，烤茶正在灭绝。

许多茶农家里，都摆着整套工夫茶茶具，在小户赛一个小卖部里，看店的老年人说自己不会泡茶，连怎么加水都不会。得知客人要喝茶，她赶紧打电话给女婿，让其回家泡茶。

在村委会办公室，他们发现“几乎都用方便的飘逸杯泡茶”。甚至，在西半山许多拉祜族寨子里，许多上了年纪的人都说自己不喝茶，即便现在也是只做茶，不喝茶。

古树在变少，火塘在消失。对茶的种种迷信正转变为对工艺的迷信。说起来，新买的铁锅如何去除铁腥味非常关键，每家有每家的独门秘技。

在茶叶边疆，并没有铁板一块的风俗与规则，仅在勐库镇，多民族孕育出的丰富历史就瞬息万变，应接不暇。博物学家们带着好奇与敬意去踏勘边境，捎回的消息大都劲爆，令人神往。

港币上茶叶为何取代了狮子

2018年7月25日，香港金管局及三家发钞行（渣打、汇丰、中银）推出了2018版香港新钞票系列。港币发行都有主题，有的寓意历久弥新。汇丰的狮子在不同币值的港币中缓缓转头，既有发币机构的庄重，也暗示了香港经济的活力。

2018版新港币的有意思之处在于，中银、渣打、汇丰第一次用了5个同样的主题——国际金融中心、香港地质公园、粤剧、香港蝴蝶，最后但并非最不重要的是“饮茶”。渣打的20元是一家人齐齐整整饮茶、吃点心，中银20元图案则是以一枚弯曲的茶叶包裹茶壶、茶具及点心。为2018版新钞宣传时，金管局总裁陈德霖还率金管局工作人员一起在茶楼饮茶合影。尽管“汇丰狮子”的设计者石汉瑞不喜欢新版港币的设计，但爱茶人就管不了这些了。

所以，中银的那张港币在国内紫砂壶圈内迅速引起了骚动。《新版20元港币的背面图案竟然是紫砂壶？！》《为紫砂点赞，为紫砂与茶文化流行趋势点赞！》这类标题表达了他们最初的雀跃之情。好在紫砂圈是由一群极具理性的人组成的圈子。在很短的时间里，就有人发现20元港币上的壶似乎是瓷壶而不是紫砂壶。一位紫砂爱好者给香港金管局写邮件询问，第二天就惊喜地收到金管局公众查询服务组主任的回信。回信清楚地说明，那是一把“瓷器茶壶”——其实，只要找到高分辨率图片，就会发现茶壶的高亮度反光来自瓷器，与紫砂壶包浆的反光是不一样的。

经过这一幕短暂的小插曲，新港币得到了很好的传播。不过，茶与香港的老话题也应该被认真审视一番。香港经历了与大陆不一样的历史，因而保留了不同的传统文化，茶是其中之一。除了大陆人耳熟能详的那些名茶外，香港人还嗜好饮用六安篮茶、六安骨、六堡这类大陆人连名字都不熟的茶。

香港人爱茶，但“饮早茶”的态度如美食家欧阳应霁所言：“有茶喝茶，喝完也就完事忘情。”从台湾过来的董桥，在这个“没有艾略特、没有胡适之、没有周作人的香港”喝下午茶，总觉得喝茶的下午不过是“搅一杯往事、切一块乡愁、榨几滴希望的下午”。对茶人来说，这种三心二意的茶客是不可原谅的吧。

真正的香港观察大师梁秉钧，精确写出了香港人喝茶的状况：“街头的大排档/从日常的炉灶上累积情理与世故/混合了日常的八卦与通达，勤奋又带点/散漫的……那些说不清楚的味道。”

大陆人熟悉的，是张爱玲写的香港茶。她写过一篇小说叫《茉莉香片》，是这样开头的：“我给您沏的这一壶茉莉香片，也许是太苦了一点。我将要说给您听的一段香港传奇，恐怕也是一样的苦——香港是一个华美的但是悲哀的城。”“苦”“华美”“悲哀”这一些词汇，就这样组成了读者对香港与茶的感觉，包括观感与口感。

她写的《倾城之恋》也发生在香港。范柳原觉得玻璃杯里的茶叶像“马来森林”，而白流苏眼里，“只见杯里的残茶向一边倾过来，绿色的茶叶粘在玻璃上，横斜有致，迎着光，看上去像一棵翠生生的芭蕉。底下堆积着的茶叶，盘结错杂，就像没膝的蔓草与蓬蒿。”美则美矣，但与香港茶无关。倒不是说张爱玲不懂茶——周瘦鹃去过张家喝茶，对张家的茶具、点心有过描述：“这一个茶会，并无别客，只有她们姑侄俩和我一人，茶是牛酪红茶，点心是甜咸俱备的西点，十分精美，连茶杯与碟箸也都是十分精美的。”

其实，张爱玲在港大的时候，有一个“校友”是真爱茶的。1938年，广州沦陷，岭南大学学生陈香梅跟着搬迁的学校来到香港，在香港大学上课，课余则在港大附近的茶寮喝茶。她在回忆录中反复提及记忆中的茶会："香港大学的茶室，那纯粹是为了招待教授与学生们而设，每个下午差不多总是客满，没事时大家在谈天说地，考试时，许多人就在那儿下功夫，无论阴晴雨晦，喝一杯下午茶似乎是必定的课题。我之喜欢喝下午茶，可说是在岭南读书时开始。"

陈香梅后半生在美国度过，在纽约泛美大楼的"云天阁"，面临窗外将逝的夕阳，她想的是喝一杯浓茶，一小杯浓茶，像请她喝过茶的吴教授泥壶中的茶。"可是'云天阁'有最名贵的瓷壶，镶了金边的茶杯，但那茶叶，是放在纸包里的茶叶——最煞风景的品茶方式。"是的，港币上那朴实的白瓷壶泡的，往往是上等普洱。

在香港，英式下午茶与港式早茶永远处在竞争之中，一百多年没有消歇。对此，陈香梅明白地说出自己的看法："说到喝茶所用的茶具，我以为中国的茶杯最有韵致，最合于泡茶之用。说到外国人，在茶里放奶油，放糖，那就完全失去了喝茶的意义了。”

近些年，普洱茶文化在大陆兴起，“香港仓”被一些人认为是“湿仓”，种种关于香港茶的可疑传言不胫而走。低调的香港茶人沉默多年后开口了。80年代香港最大茶商周勇先生告诉我：“当年的香港茶行是老式的生意行业，十分注重诚信，几乎没有什么造假出现。”另一位久负盛名的茶商黄锦枝先生详细讲解了香港普洱茶复杂的入仓技术，整个制作周期长达十年左右，让“异味、杂味全部退掉”。“这是一套工艺，不是骗人。”香港人不会将茶做坏，因为“香港人每一片钱都是血汗钱”。普洱茶曾经几十年只有唯一一种工艺，就是“香港仓”。香港人的寿命长期稳居世界第一，这也是香港茶品质的最好证明。

我服膺香港茶人叶惠民的说法，香港人劳碌“搏到尽”，身心盼望获得平衡。茶能清心涤烦，香港人走出茶坊后，总能感觉精神振奋。这个说法与港币的寓意完全贴合，我觉得就是港币的正面与背面。

隐秘的广州

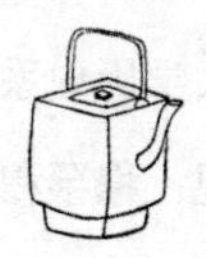

《茶的真实历史》这本书里讲了一件事，伊斯兰世界广为流传穆罕穆德说过的这样一句话："学问虽远在中国，亦当求之。"有学者质疑这句话的真实性。不过我想，如果将前半句理解为让步状语从句，就不难理解了：学问即使远在中国，我们也应该去追求。因为玄奘不远万里求取真经的故事在中国深入人心，这种想法在中国完全不难理解。

在真实历史中，阿拉伯商人为了利润当然很早就到了中国。公元9世纪时，阿拉伯独桅三角帆抵达了广州的洋面，采办中国商品。阿拉伯商人注意到，当时中国的集市上已经有茶叶出售。当然，此时距离茶叶一举成为占广州出口贸易百分之九十份额的大宗货物，还有一千年。

在汉语文献之外，圣路易斯华盛顿大学历史系博士候选人陈博翼从其他语言的文献中发现，穆罕穆德的叔叔很有可能曾经随使团到了广州。在当时某些穆斯林心目中，广州是仅次于麦加、麦地那位于第三的圣城——因为使节团中有早期的“圣伴”和级别很高的人士葬在广州。广州还有中国最早、最大的穆斯林圣地——怀圣寺。科大卫在《皇帝与祖宗》一书中说，早期广州只有府治是中国人在管，府治周边是阿拉伯人的世界。

如果因此我们将广州仅仅看作是一个商品的集散地就未免狭隘了。香港茶商提到粤港澳大湾区的茶文化时，会说到一句话：“出处不如聚处。”这句话现在不多见，在罗贯中《平妖传》中出现过：“常言‘出处不如聚处’。东京是三教聚集之所，若到那里时，便不能够传道得法，看也看些好景致，吃也吃些好东西。”

宋朝曾几《造侄寄建茶诗》，前四句是这样的：

> 汝已去闽岭，茶酒犹粲然。
>
> 买应从聚处，寄不下常年。

宋代俗语就有“所出不如所聚”。宋代俗语在香港茶商那里仍然是口头禅，这说明香港的商业精神有深厚的历史渊源。

用今天的话说，“出处不如聚处”指的是货物、人才在聚集的地方比出产的地方品种多，质量好。另有一种情况是让人吃惊的：“聚处”的东西价格还比“出处”便宜——这个宋人发现的规律被人遗忘了。比如说今天有人发现中国商品在美国比中国便宜，觉得哪里出了问题。

广州作为茶的“聚处”，一度成为了世界贸易的中心。全世界的评价自然纷至沓来，法国人拉佩鲁斯在日记中写得很透彻，“人们在欧洲喝的每一杯茶，无不渗透着在广东购茶的商人蒙受的羞辱”。这种说法很多，看来在鸦片战争之前，来广州的洋人受的气不少。

但1830年英国下议院的结论是这样的：“几乎所有出席的证人都承认，在广州做生意比在世界上任何其他地方都更加方便和容易。”这种说法同样也很多。

这两种说法如何调和？

美国学者范岱克的《广州贸易》解释清楚了这个问题。广州经验不是从天上掉下来的，它有着150年控制澳门贸易的特殊技术。当一艘外国船只来到广州，粤海关会从澳门找来翻译进行交流。在这里，广州官员会公平一致地对待每一艘外国船只。

民间经常提到的海关官员“敲竹杠”在经济史里叫作“规礼”，这比外国人通常说的“港口费”多出一点。“18世纪20年代，规礼成为每一艘船必须固定交纳的费用。1830年规礼数额减少了，但是索取和计算方式仍然继续存在。1830—1842年规礼总数没有变化，1843年规礼被取缔了。”所以，“规礼”与贪腐不能完全挂钩，因为贪腐的特点在我看来是黑幕重重、混乱、不公平、不到鱼死网破不会终止。

从1700年1842年，很少有外国人因为无法协商好“可接受”的贸易条款而拒绝再回广州贸易。是的，尽管在许多公司对华贸易编年史中，商人们普遍曾叫苦不迭，但第二年他们公司还是派出了更多船只来广州交易。

正是如此，在破败不堪的清政府的运转不灵的体系之下，广州海关官员仍然赢得了全世界的尊重。

今天，多数人都知道普洱熟茶渥堆技术是1973年发明的。但其实，1957年广州就成功研究出一套完整的“人工加速普洱茶后发酵加工工艺技术”，此项技术列入当时国家二级保密技术，并生产出第一批人工加速后发酵的普洱茶。

普洱茶发酵技术由沉默的广州人掌握还不算神奇，真正神奇的是，有一款知名的普洱名茶在民间被

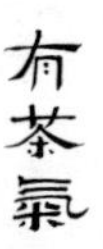

叫作“广云贡饼”，这里的“广”指的是“广东”，“云”指的是“云南”，“贡饼”指的是茶的品质达到了极高水平。据《普洱茶》等书记载，“广云贡饼”中，因为计划经济时代物资紧张，广东人在其中默默掺入了广东茶叶，但这种并非完全由普洱茶制作的“广云贡饼”普洱茶得到了市场的认可，保存至今已成为奇货可居的古董茶。

都说换美元不如存茶，但存茶并不容易

十多年来，普洱茶在大陆兴起，“香港仓”被一些人认为是“湿仓”，种种可疑的传言不胫而走。

我们始终要明白一件事情：我们对香港仓是怎样一种工艺其实一无所知。1997年，香港的存茶（据说）被台湾人大量买走后，习惯保守商业技术秘密的香港人更不愿意多谈了。

今天喝到的普洱老茶，绝大多数不出云南—香港—台湾这个销售范围。我们也能想到，茶已经越来越少，存世的茶自然越来越贵。

事实上，从价格来说，已经成为古董的普洱茶有一个问题，就是缺乏其他古董所必备的刚性检验方法（虽然古董的判断原则也不是那么刚性）。对于普洱的判断，我们不妨简单理解成，拍卖行有五位专家，他们采取投票的方式决定古董的真伪，如果三位专家认为其为真，那么它就成了“真的”。

2011年出了件大事，一件汉代青黄玉龙凤纹梳妆台及坐凳以2.2亿元成交，创下新的玉器拍卖世界纪录。其实汉代并没有凳子，因此这件事震惊了古董界。“中嘉国际从流程上和拍卖资质上都符合规范，没有直接证据证明其涉及假拍。即使目前已经确认拍品为假，相关部门也很难对拍卖公司追究其责任。”中国拍卖行业协会副秘书长说。

真茶太少不是一件奇怪的事，另一种思路便诞生了。“港仓茶”的味道已为人们所熟悉，有些茶商便为存世量很大的一种非“港仓”味道的茶命名为“干仓”——是的，他们想通过“干仓”这个概念赚取巨额利润。

这种思路获得了极大的成功。所谓的“干仓”茶，有人喜欢有人不喜欢，这很正常。我在四五年内喝过几次，就不是很喜欢，但每次喝，都会发现价格又增加了两三万。最近我查了一下价格，居然已经到每片11万了。

“干仓”这种概念能够让茶的价格涨到这种程度，有点匪夷所思。分析一下，“干仓”概念的推广同步伴随着“湿仓”故事的恐吓——关于“湿仓”如何脏乱差、如何充斥着细菌这些食品卫生方面的传言扩散自然很快。更让人吃惊的是，世界上真有极少量的“湿仓茶”。为何生产？卖给谁？这是个谜，没人知道。方舟子还做了化验，当然是真的有细菌，这成了一段时间的热点话题。

一般我都不会喝茶商寄给我的茶样，但有个茶商很诚恳，我就喝了他们的老班章，不错。再喝另外一种存放长达16年的茶，不仅没转化，而且很淡。这显然是所谓的干仓造成的。

简单地说，大家不相信“香港仓”的品质，但其实想学也学不到。在现实意义上只剩下一个办法，就是在广州或西双版纳这种热而潮湿的地方自然无技术存放。

这位寄送茶样的朋友就是将茶存放在一个干燥的城市。

邹家驹先生在《漫话普洱茶》一书中介绍了茶的发酵原理：“微生物的繁衍过程叫发酵。发酵的先决条件：一定的水分、一定的温度和一定的氧气。许多普洱茶书，把‘干仓’捧上了天，殊不知没有一定的水分湿度，哪来微生物的生存和繁衍环境。干仓水分越少，茶叶陈化速度越慢。发酵陈化的目的，是散除杂味涩味，引导出醇和平滑，陈香久驻，充盈饱满不锁喉的感觉。存放地点间歇保持一定的水分是必要的。”

大多数人对苦口良药听不进去，但都很乐意被“没有中间商赚差价”这类迷魂汤灌得但愿长醉不用醒。已经有很多人做了实验。邹先生也指出，一块茶饼在干燥地点存放了十年，变化不大。

朋友听不进去。反而给我上了很多课，比如“湿仓非常可怕”“干仓是质量保证”“我们的企业文化是做良心企业”……

一位交往多年的广州朋友有几个仓库，存有几千万的茶。我喝过他的老班章，泡茶之前他烤了烤茶，显然是为了激发出香气，但茶汤味淡。我知道这是在仓库里用了除湿机，这位朋友一定是被“干仓”理论中“潮湿”“发霉”的诅咒吓破了胆，因而仓库里长年开启抽湿机，抽走了茶气。我尽量委婉地谈了我的想法。他的辩解是茶太多太贵，实在不敢让茶发霉。

茶要发酵才能增值，发霉当然是投资蒸发了。但长期干燥，茶叶不发生变化，增值也不过是一场梦幻泡影。

多喝茶多读书，在仓库里多观察。增值没有捷径。

末茶笔记

今天中国人关于茶的想象，我总觉得形塑者其实是周作人。苦茶庵主人“故意往清茶淡饭中寻其固有之味”，在反本质主义者心中激起了一点腹诽。我一向不相信存在着一种饮食文化的连续性，所以“固有之味”在我看来即使没有固化茶之本质的意思，但苦茶庵主人试图搁置茶上千年的饮用史，孤立出一杯茶来谈茶，也未免虚无。

我想就此问一句：今天我们手里的这杯绿茶，这杯一直喷吐氤氲香气的宁静饮品，召唤、映照的不是饮者/隐者那纷乱的内心么？卡尔·施密特喜欢这样说:“敌人即是你自己问题的化身。”说起来，你的武器也是你自己问题的化身——即使武器不过是一杯茶，它常被期望能抚慰我们的内心，或战胜我们的心魔。

难道茶叶是因为这个原因被种植出来的吗?

1

周作人1949年获释，住在上海友人家中，虽穷困潦倒，仍买龙井茶喝。从日记看，短短的一个多月中，他喝了近500克茶叶。他曾声称:“我不会喝茶可是喜欢玩茶，换句话说就是爱玩耍这个题目，写过些文章，以致许多人以为我真是懂得茶的人了。”旷达中有执着，戏谑里见拙诚。但他的另一句话我们未必肯信:“我只是爱耍笔头讲讲，不是捧着茶缸一碗一碗的尽喝的。”1949年的4月，苦茶庵主人应该就是“捧着茶缸一碗一碗的尽喝的”。他畅饮的不是龙井，是龙井里隐秘的苦痛。

再没有比鲁迅更坦率、更犀利的作者了。他声称自己喝不懂茶——的确，喝茶，存在一个懂与不懂的问题。有个不求甚解的作家在湖北五峰买了十块钱的茶叶，喝过之后觉得茶虽不精（无非是茶叶大小片均有，甚或夹杂一些令文人惊诧的茶叶梗），但味道极好。这位作家有没有想过，为何这杯最便宜的五峰茶与乾隆爱好的龙井之间，价格会差那么远？这之间的价差的确也有作家用许多品茶的文章填满了。我读不懂这些文章，我的疑惑在于：乾隆那壶龙井茶里，应该是隐藏着无法言明的狂喜吧？那是怎样的一种狂喜呢？

鲁迅发明出了自己的茶道，他说得很简单："有好茶喝，会喝好茶，是一种'清福'。不过要享这'清福'，首先就须有工夫，其次是练习出来的特别的感觉。"三天不做事，心里静下来，就能体会到茶在味觉上的各种层次。

不会喝茶的人也能体会到喝茶的乐趣，周作人的话成了他们的圣经："喝茶当于瓦屋纸窗下，清泉绿茶，用素雅的陶瓷茶具，同二三人共饮，得半日之闲，可抵十年的尘梦。喝茶之后，再去继续修各人的胜业，无论为名为利，都无不可，但偶然的片刻优游乃正亦断不可少。”

借一杯绿茶隔开俗世的隐者，也许忘记了这杯茶的饮用方法其实是朱元璋定下的。用美国历史学家牟复礼的话说，明朝是由“一位来自中国农民社会最底层的恶棍”所建立的。也是在明朝，文化浩劫化为了茶壶里的风波。

2

中国的茶道中断于明朝，点茶法就被沿用至今的瀹茶法[1]所淘汰。明代张源在他的《茶录》中记下了明代人的新茶道：“茶道，造时精，藏时燥，泡时洁。精、燥、洁，茶道尽矣。”

1　散茶冲泡法。

瀹茶法当然也有其精妙处，但在我看来，这种精妙散发出一种枯燥、禁欲的气息。罗廪的《茶解》要求："茶须徐啜，若一吸而尽，连进数杯，全不辨味，何异佣作。卢仝七碗，亦兴到之言，未是事实。山堂夜坐，手烹香茗，至水火相战，俨听松涛，倾泻入瓯，云光缥缈，一段幽趣，故难与俗人言。"屠隆认为要紧处在于"神融心醉，觉与醍醐甘露抗衡，斯善鉴者矣。使佳茗而饮非其人，犹汲泉以灌蒿莱，罪莫大焉。有其人而未识其趣，一吸而尽，不暇辨味，俗莫大焉。"这两个文人其实预示了小说人物妙玉的诞生。

明代饮者的焦虑在于：茶是雅事，但极容易落俗。饮茶变成了一种炫耀性消费，而且，传统的茶道丧失后，饮者丧失了对传统茶道了解的兴趣，所以罗廪才指责经典的"卢仝七碗""未是事实"。今天，我们能看到许多书籍在大言炎炎地谈茶、谈茶诗，似乎从来就没有意识到这些茶诗中蕴藏着那么多让人不懂的东西，如此解读不啻是"以其昏昏使人昭昭"。

1958年，钱钟书先生在《宋诗选注》中，提到了宋代的“分茶”与宋徽宗《大观茶论》的关系，他注的是陆游的《临安春雨初霁》：

> 世味年来薄似纱，谁令骑马客京华。
> 小楼一夜听春雨，深巷明朝卖杏花。
> 矮纸斜行闲作草，晴窗细乳戏分茶。
> 素衣莫起风尘叹，犹及清明可到家。

其中的“晴窗细乳戏分茶”一句历来聚讼纷纭，莫衷一是。钱先生认为“分茶”即《大观茶论》中的“鉴辨”，这种说法引来学者蒋礼鸿与许政阳的商榷，此后钱先生应该对此有过很长时间的斟酌。1982年，钱先生写出了新的注解：

> “分茶”是宋代流行的一种“茶道”，诗文笔记里常常说起，如王明清《挥麈馀话》卷一载蔡京

《延福宫曲宴记》、杨万里《诚斋集》卷二《澹庵坐上观显上人分茶》；宋徽宗《大观茶论》也有描写。黄遵宪《日本国志·物产志》自注说日本“点茶”即“同宋人之法”：“碾茶为末，注之于汤，以筅击拂”云云，可以参观。据康熙时徐葆光《中山传信录》、嘉庆时李鼎元《使琉球记》等书，这种“宋人之法”，也在琉球应用。

钱先生鲸饮龙吸，将“分茶”的信息汇集、辨析到这个程度，令人折服。

其实很多文人对不懂的文字都采取回避的态度。但有些人是回避不了的，比如说《四库全书》的编撰者纪晓岚，他读过宋朝品茶大家丁谓的《煎茶》诗后，评价是“细碎敷衍，未见佳处”，其实是看不懂。这里不仅有文字上的不懂——宋代饮者的气度与风神，清代皇帝的“文学侍从”哪能梦想得到？

“碾茶为末，注之于汤，以筅击拂”类似于今天日本的“抹茶”（まっちゃ）饮用方法，“抹茶”在中国古代文献中称为“末茶”。日本茶道只使用抹茶，不使用叶茶。礼失求诸野，有些去日本学习茶道的中国茶艺公司，只是学到了日本茶道的手势，徒具优孟衣冠而已。

2010年，我买了一小罐静冈市本目浅吉商店的“石臼挽抹茶”。石磨磨出的抹茶据说能够细到只有两微米，任何现代机械工艺都达不到这样的微细程度。而在日本能够做这种石磨的工人也只有十人左右了。

启封后，我发现罐内没有说明书——日本人大概认为，每一个买抹茶的人，是不会不知道抹茶的饮用方法的。我尝试了很多方法，但无论怎样搅拌，都无法打散成团的茶叶粉末，无论怎样调配，也无法达到星巴克“抹茶拿铁”的口感。

2011年3月11日，日本地震。5月，抹茶断货。星巴克停止供应“抹茶拿铁”与“抹茶星冰乐”，店内的留言簿里，召唤抹茶的声音不绝于耳。

其实，真正的抹茶也许是不太好喝的。身在日本的作家李长声对第一口抹茶的印象是“浓稠发腥，甚至要恶心”。

在我看来，李先生的反应未免有些过度了。

3

发现日本茶道与“分茶”的亲缘性与延续性，黄遵宪也许是最早的人，他的发现可以称得上振聋发聩。他的《人境庐诗草》中有一首长诗《游箱根》提到“点白茶始尝，堆红果初熟”。钱仲联注引《日本国志·物产志注》:“点茶之法，始于陆羽……法以抄茶一钱匕先注汤，调令极匀，又添注入，回环击拂，汤上盏可四分而止，视其面色鲜白，着盏无水痕者为绝佳。”

钱钟书与钱仲联都根据黄遵宪的文字去重读宋代“分茶”的习俗。不过，第一个详细谈论宋代分茶的则是日本汉学家青木正儿先生。据青木正儿的儿子中村乔先生介绍，青木正儿先生1847年出生于山口县下关市。曾经谒见过访日的王国维，后成为内藤湖南的弟子，与胡适、鲁迅、周作人相识，也是将鲁迅作品介绍到日本的第一人。1947年写出《末茶源流》一文。

说来巧合，《末茶源流》提到浅井了意《东海道名所记》这本书，其中有一幅图，画的是“箱根山顶的茶馆里一位姑娘正在给顾客俯身沏茶的情景”。茶当然是抹茶，而箱根山，正是黄遵宪吟咏过的那一座山。浅井了意于1691年离开人世，黄遵宪1877去日本，他所饮用的只能是“箱根山顶的茶馆里”另一位姑娘所沏的抹茶。

钱钟书先生不懂日语，青木正儿的这篇文章也许他未曾寓目。源于在日本演讲的《诗可以怨》一文里，他说自己是“日语的文盲”，对日本的“‘汉学’或‘支那学’的丰富宝库，就像一个既不懂号码锁、又没有开撬工具的穷光棍，瞧着大保险箱，只好眼睁睁地发愣”。因此他的发言有可能是重新“发明了雨伞”。我们不妨善意地猜测，钱钟书先生真的第二次（在青木正儿之后）发现了黄遵宪那一刻的“顿悟”：此刻。箱根山顶的茶馆里一位姑娘沏的茶，与宋诗中被反复饮用/吟咏过的那一瓯，是有关系的。

因此，要读懂宋代的诗歌，要真正具备引用宋代茶诗的资格，也许我们不得不绕道日本的茶道，先理解日本的抹茶。

4

据青木正儿考证，中国末茶最早的消息来自晋代杜育的《荈赋》：“惟兹初成，沫沉华浮，焕如积雪，晔若春敷。”晋人对末茶在冲泡过程中出现的泡沫的赏鉴态度如此成熟，今人会觉得不可思议。青木正儿敏锐地觉察出“如此美妙的泡沫光煮是煮不出来的，肯定是用什么搅出来的”。

插一句我的个人发现，中国末茶的发展史，与末茶搅动工具的发展息息相关：唐代陆羽用筷子搅，蔡襄用茶匙；到了宋朝，中国茶道达到巅峰之时，宋徽宗用的是茶筅，一种类似于微型竹扫的东西。我之所以面对“石臼挽抹茶”束手无策，缺的就是宋徽宗的茶筅，无法充分打散日本抹茶在沸水中凝结成的小团，也就无法品尝到抹茶经过“覆盖蒸青工艺后氨基酸提高百分之四十后的特殊味道”，当然也看不到茶筅按照 W 的轨迹贴着碗底前后刷搅，拌入大量的空气所形成的丰富泡沫。

杜育用的是什么工具？青木正儿从北魏贾思勰的《齐民要术》中白醪制作方法谈论中看出了端倪：“……以竹扫冲之如茗渤。”要害在于“如”，用来打比方的画面应该是人人都知道的吧。“茗”即茶，“渤”即末。晋代“竹扫”与宋代“茶筅”应该相差不远了。

长久地逼视“竹扫”“茶筅”这两个词，我蓦然醒悟到：在唐代大力倡导高级饮茶方式、用筷子搅茶的陆羽，其实有可能只是部分地复兴了一种已经灭绝但更先进的晋代茶道，以此来拯救唐代落后庸俗的饮茶品位。在陆羽的《茶经》里，他引用了“惟兹初成，沫沉华浮，焕如积雪，晔若春敷”这段文字，让杜育失传的赋留下了一些片段。

值得玩味的另一点是，北魏由马上民族建立，他们收藏优质名茶款待南朝使者的故事不稀奇，稀奇的是这些矫健的骑手也乐于欣赏末茶的泡沫幻化的瞬间花纹。他们坐在胡床上，托着腮帮子“击拂”的形象，在几千年的文献与印象中显得多么陌生啊。

在汉族与少数民族之间，似乎总有一种二分法撕裂他们：汉族手捧茶饼，与牵着骏马的游牧民族进行交换。骑手质朴，将茶具与清洁工具都称为“竹扫”，但这不妨碍他们去体会末茶之美。

在宋代，汉化程度不及契丹与女真的蒙古民族也同样为末茶吸引。考古发现，内蒙古赤峰市元宝山的元代墓葬中的壁画里，蒙古族茶具中就出现了茶筅。这说明，奶茶并不是蒙古茶文化的全部。在也许相当宏富的蒙古茶历史里，奶茶只是一个截面，一种碰巧流传下来的饮茶方式。

5

作家阿城认为，佛教传来中国，迅速与儒教、道教、巫教平起平坐，有一个重要原因是同时传来的印度大麻比中国大麻劲儿大。这种看法与宗教史不一定百分之百吻合，但对宗教传播的解释比较贴切。大麻能帮助初级信徒在冥想中产生多巴胺，多巴胺这种“快乐荷尔蒙”对重实际的汉族信徒体验西方极乐世界之“乐”有极大帮助。通常的看法是高僧看破红尘，精神上归于寂灭，因此没有兴趣与世俗世界接触。其实高僧在冥想中能自我合成多巴胺，故能时时见证满天神佛与平安喜乐。

佛教徒侵入中国茶道，这当然与末茶“提神”、驱除“睡魔”有关，也与茶叶促进多巴胺分泌有关。今天的科学家已经证明茶氨酸可以明显促进脑中枢多巴胺释放、提高脑内多巴胺生理活性。

五代十国时期，有一僧人名叫文了，“雅善烹茗，擅绝一时。武信王时来游荆南，延往紫云禅院，日试其艺。王大加欣赏，呼为汤神，奏授华定水大师。人皆目为乳妖。”这里的“乳”指“乳花”。

宋代茶道的巅峰状态被记录在一首诗里，这就是杨万里的《澹庵座上观显上人分茶》：

> 分茶何似煎茶好，煎茶不似分茶巧。蒸水老禅弄泉手，隆兴元春新玉爪。二者相遭兔瓯面，怪怪奇奇着善幻。纷如擘絮行太空，影落寒江能万变。银瓶首下仍尻高，注汤作字势嫖姚。不须更师屋漏法，只问此瓶当响答。紫薇仙人乌角巾，唤我起看清风生。京尘满袖思一洗，病眼生花得再明。汉鼎难调要公理，策勋茗碗非公事。不如回施与寒儒，归续茶经传衲子。

“显上人”用兔毫纹的茶盏沏茶，从银瓶取来开水，注入在起沫的茶面上，利用其水痕写出文字来。这种奇技《清异录》也有记载，僧人福全也擅长这种

“通神之艺”：“馔茶而幻出物象于汤面者，茶匠通神之艺也。沙门福全生于金乡，长于茶海，能注汤幻茶成一句诗，并点四瓯，成一绝句，泛乎汤表。”同书“茶百戏”条记载：“茶至唐始盛。近世有下汤运匕，别施妙诀，使汤纹水脉成物象者，禽兽虫鱼花草之属纤巧如画；但须臾即就散灭。此茶之变也，时人谓之‘茶百戏’。”

这种奇技长期被后代文人忽视，但科学家却对此充满了兴趣。戴念祖主编的《中国科学技术史·物理学卷》就记载了物理学家敢于奋臂攘袂来探讨这个话题：“茶叶溶质在水中扩散成花草图案，是由于饮茶者在茶溶解过程中以羹匙类食器搅动所致。”此书2001年出版。物理学家没能解释清楚“茶叶溶质”是什么，“茶”又怎么能溶解，以及“匙”如何能达到神奇效果等问题。

学者扬之水纠正说，“饮茶者”应该是“点茶者”，“烹茶之际盏面乳花蒙茸，尚与茶的加工过程有关”。

我猜温文尔雅的扬之水的意思可能是，“茶叶溶质”什么的太含糊，应该直接指明是“末茶”才对——毕竟科学容不得半点虚假。

6

“饮茶者”为什么应该是“点茶者”？因为会“点茶”的人太少了。宋朝的蔡京在他的《保和殿曲燕》中写道：“赐花全真殿，上亲御击注汤，出浮花盈面。”其《延福宫曲宴记》又记载：“上命近侍取茶具，亲手注汤击拂，少顷，白乳浮盏面，如疏星淡月，顾诸臣曰：‘此自布茶。’”这里的“上”即宋徽宗本人，点茶很有可能就是他发明的，他的心得写在《大观茶论》里。宋徽宗从没有辜负后人对他的想象，谈到鉴赏，他在很多方面都是大行家。

点茶的重点在“花”，陆羽《茶经》就有“第二沸出水一瓢，以竹筴环激汤心，则量末当中心而下。有顷，势若奔涛溅沫，以所出水止之，而育其华也。凡酌，置诸碗，令沫饽均。沫饽，汤之华也。华之薄者曰沫，厚者曰饽，细轻者曰花，如枣花漂漂然于环池之上，又如回潭曲渚青萍之始生，又如晴天爽朗有浮云鳞然”。其实是将杜育的句子讲得更明白些了。陆羽成功地用“策”（与筷子无异）将末茶打散搅匀，复活、还原了杜育的茶道。但陆羽生前，末茶并没有大行其道。有人说将茶汤和茶末一起饮用，有饱胀感。这显然是不明白中国茶道精髓的人的外行之见，中国茶道的正宗从来没有将饮用放在第一位。换言之，茶不是用来品的，茶是用来点的。

沫、饽、花，到了宋朝就只剩下了花。花也有了更多的名字：乳花、玉花、琼花、雪瓯花。

此时的讲究不仅在于乳花，更在乳花泛盏之久。《大观茶论》如此要求：“乳雾汹涌，溢盏而起，周回凝而不动，谓之咬盏。”梅尧臣《次韵和再拜》讲：“烹新斗硬要咬盏，不同饮酒争画蛇。从揉至碾用尽力，只取胜负相笑呀。”释德洪《空印以新茶见饷》强调：

“要看雪乳急停筅，旋碾玉尘深注汤。”刘才邵《方景南出示馆中诸公唱和分茶诗次韵》赞叹：“欲知奇品冠坤珍，须观乳面啮瓯唇。汤深不散方验真，侧瓶习瀑垂岩绅。”

如何才能达到这种匪夷所思、神乎其技的水平？

扬之水认为首先需要茶好。苏轼《西江月·茶词》提到：“汤发云腴酽白，盏浮花乳轻圆。”傅干注：“云腴、花乳，茶之佳品如此。”傅干是南宋人，生平不可考，留下极珍贵的《傅干注坡词》，没有此书，东坡的这两句词可能永不可解。这里的“云腴”“花乳”的商标名值得重视，茶好与不好，点茶中能否达到“咬盏”是重要标准（我们假设点茶人的技巧过硬）。茶的名字叫“花乳”，还担心点茶时“乳花”不达标？

音响发烧友鉴别音响有种特别的办法，用蔡琴《机遇》那张CD来测试，传说其中的《月光小夜曲》可以在顶级音响中听到七声青蛙叫。所以，假设有一种音响的别称叫作“七声青蛙”，甚至干脆叫“七蛙”，那有可能是非常让人放心的广告吧。

其次，点茶人的技巧宋徽宗在《大观茶论》中有鉴别："筅疏劲如剑脊，则击拂虽过而浮沫不生。""击拂"是最关键的技巧，茶筅在他手下摆脱了晋代竹扫挥动的影子，丝毫不亚于剑客的杀伐决断的智慧与艺术。再想想看徽宗为众臣点茶的场面，他运筅击拂，仿佛西方国王授勋时，将剑击打在臣子的肩上。

元朝谢宗可《咏物诗》中的《茶筅》将击拂的技巧解释得颇为透彻："此君一节莹无瑕，夜听松声漱玉华。万缕引风归蟹眼，半瓶飞雪起龙牙。香凝翠发云生脚，湿满苍髯浪卷花。到手纤毫皆尽力，多应不负玉川家。"

这是谢宗可对茶道巅峰时期的回忆。写这首诗的时候，他想起的恐怕是南宋文人趋之若鹜的"斗茶"场面。斗茶斗的还是点茶，看的还是"咬盏"。这次道教也没缺席，道士张继先有首兴致勃勃的诗《恒甫以新茶战胜因咏歌之》，用了道教术语描述斗茶的盛况：

“人言青白胜黄白，子有新芽赛旧芽。龙舌急收金鼎火，羽衣争认雪瓯花。逢瀛高驾应须发，分武微芳不足夸。更重主公能事者，蔡君须入陆生家。”徽宗到底是皇上，《宣和宫词》描写斗茶就内敛与蕴藉许多：“上春精择建溪芽，携向芸窗力斗茶。点处未容分品格，捧瓯相近比琼花。”

国王以长剑敲击受封者，后者则当然不能击回。不过，徽宗治下的中国，饮者之间不必过于拘礼。胡仔《苕溪渔隐丛话》载韩子苍《谢人寄茶筅子》诗：“看君眉宇真龙种，尤解横身战雪涛。”

此时此刻，重要的是乳花那一瞬在建窑烧制的御用兔毫盏上的汹涌，是那一支高速飞舞的茶筅的曲线。至于运筅的那只手，是天潢贵胄的手，还是来自建州的平民之手，又有什么分别呢？

7

《中国古代饮茶艺术》一书中对斗茶有热情的记

述，可惜此书不太可靠，不方便在此引用。

我们不妨从川端康成的《千只鹤》看日本茶道。这种跟茶有关的特殊仪式让参与者从品茶转到观赏，从观赏再进入交流。茶道、赏花与切腹，曾经都是日本人交流的特别方式。

菊治的父亲是茶道家，去世后，两个女弟子（也是其情妇）争夺与菊治的关系。有一次，菊治参加了栗本千花子的茶会。我们透过菊治内行而懒散的眼睛看到了她们对茶具的挑剔，对服饰的讲究。

茶会开始的时候，表面上一切如常。女弟子雪子点茶“手法朴素，没有瑕疵。从上身到膝盖，姿势正确，气度高雅”。然后，千花子针对茶具中的一只碗说：“这是只黑色织部茶碗，在碗面的白釉上，绘有黑色嫩蕨菜花样。”在什么事都讲究时令的日本，“那蕨菜嫩芽，最有山村野趣。早春时节，使这碗最合适”。至于时令，前面有过交代：“桃花已经绽开了。”也就是说，稍稍有些过了。但千花子说：“虽然有些过时，菊治少爷用倒正合其人。”碗与人的恰当配合挽救了使用碗的时令不对。

这只织部茶碗，是菊治父亲的另一个情人太田夫人送给菊治父亲的礼物，然后通过菊治父亲之手转到了千花子的手中。千花子的这番说法，仅仅提到菊治父亲使用过，而忽视了太田夫人，就有了一丝进攻的意味。

菊治不想被人当作武器，所以对她这种断章取义的说法自然不满。他说：“哪里，在家父手上也只留了很短一段时间。就茶碗本身的历史来说，根本算不上一回事……几百年间，有许多茶道家当作珍品代代相传，家父又算得了什么？”这无疑是用一种更宽宏的说法对抗着千花子的说法。在茶会里，攻防均可，无礼则被禁止。

我们似乎已经接触到了真正的茶道：就一只茶碗，各人都有合情合理的一段渊博而巧妙的言辞。然而，这一段幽玄而风雅的交谈，其实还是围绕着菊治父亲的两个情人间的争斗而进行的。两个情人都在场，而千花子只谈菊治父亲和菊治都用这一只织部茶碗，无视这只茶碗来自于太田家。菊治通过自己的言语消解这只茶碗的种种因缘。太田夫人呢，她的茶道显然不够纯熟，所以她说出的话很突兀："让我也用这只碗喝一杯吧。"她只能用这种唐突的举动，打破千花子所捏造的一段历史。既然太田夫人的唇也碰到了这只碗，那么千花子所塑造的这段历史就被打破了。如果知情人了解到最初这只碗来自太田家，那么千花子的说法就被打得更碎。

用考古学的眼光看，世界有一个源头，而我们的历史就是从这个源头开始逐渐衰减、变质的过程。我们不妨说《千只鹤》这篇小说的源头就是菊治父亲以及他那个时代的茶道。外国人都能欣赏日本茶道里的茶具和礼仪，而川端康成则暗示，在交谈的深处，茶道早已沦陷。在小说中有几个传世百年的茶具被打碎，这一物哀的情怀，似乎在提醒父亲的死与茶道的衰落。

8

有一天，住在皇宫里的朱元璋突然觉得农民制作末茶太辛苦了，于是下令贡茶不用末茶。明沈德符的《野获编补遗》卷一“供御茶”条记载，明初所贡给朝廷的茶是用宋代以来的制法做的团茶。但太祖洪武二十四年（1391年）九月，洪武帝为了节省民力下令不要再制造团茶，可以直接进贡叶茶，末茶于是渐渐灭绝。

几十年后，丘浚的《大学衍义补》记载，当时末茶仅在广东和福建还比较流行，其他地方就已经到了“不复知有末茶”的地步。青木正儿考证，此时正是日本末茶最隆盛之时。

从谢宗可写的“香凝翠发云生脚，湿满苍髯浪卷花”来看，元朝士人点茶的兴趣并未衰减。而这点残存的江南文人雅兴，朱元璋是看不惯的。

元末，朱元璋消灭陈友谅后，移师进攻张士诚所占据的苏州城时，向来被视为民风柔弱的苏州人曾作殊死抵抗。史籍上描写当时城内“资粮尽罄，一鼠至费百钱，鼠尽至煮履下枯草以食”。城破后，张士诚自杀。随着时间流逝，江南人民的记忆并没有随着血痕淡去。

据历史学者黄波分析，在中国历史上，“江南”不仅是一个地理概念，更是一个政治的、经济的、文化的概念。提到元末的江南文化，不能不说到两个人物，一个是诗人杨维祯，一个是从富商到文人、又是文艺赞助者的顾瑛。顾瑛在昆山构筑玉山草堂，依仗雄厚财力广邀天下名士，日夜在玉山草堂与宾客置酒高会，以文采风流著称于东南。“四方之能为文辞者，凡过苏必之焉。”连画家倪云林都常常参加玉山雅集。

攻占苏州数月之后，朱元璋下令强迫大批苏州富民迁徙至临濠（今安徽凤阳）。江南文化失去了经济基础，迅速凋零。洪武初年，一次微服私访的经历让朱元璋大为愤怒："张士诚小窃江东，吴民至今呼为张王。我为天子，此邦（吴地）呼为老头儿。"

为发泄对江南人民的不满，朱元璋登基后，经济方面对张士诚原辖的地方加征重赋，《明史》采信了这一说法。朱元璋在位31年，苏州知府竟然换了30次，而且这30人当中，遭到"左谪""坐事去""被逮""坐赃黥面""坐法死"等严厉惩罚者就有14个。尤其是洪武七年发生的苏州知府魏观被诬谋反冤案，更牵连大批江南名士掉了脑袋。"浙东西巨室故家，多以罪倾其宗。""北郭十友"也全都没有好下场。"吴中四杰"之一的杨基在世时，曾经向一个朋友打听故乡的情况，朋友告诉他"吴中风景，大异往昔"，他不禁百感交集，写下了一首非常沉痛的诗：

三年身不到姑苏，

见说城边柳半枯。

纵有萧萧几株在，

也应啼杀城头乌！

9

末茶被灭绝，毋宁说是这场文化浩劫的题中应有之义。

杨维桢，浙江诸暨人。嗜茶如命，时时沉湎于茶烟乳花，对茶饮独有心得。也许不需要再强调了，“乳花”指的是分茶与斗茶中的重要环节。他写过一篇《煮茶梦记》，书童汲白莲泉燃槁湘竹，准备烹煮“凌霄芽”，而他却游心太虚。当梦结束的时候，他听到书童说：“凌霄芽熟矣。”这句话听起来很熟——“黄粱一梦”故事的结尾是“及醒，蒸黍尚未熟”。明朝的建立，意味着文人做梦的时间结束了。

顾瑛的《玉山璞稿》也有“云踏雨过山来吃茶”。选择隐居地点的时候，长兴因出产“顾渚茶”成为首选之地，另一个原因也许是，陆羽曾在此地写出了《茶经》。

倪云林有一首绝句：

松陵第四桥前水，
风急犹须贮一瓢。
敲火煮茶歌白苎，
怒涛翻雪小停桡。

从他冒着风雪都要去贮一瓢“松陵第四桥前水”就可以看出他也是饮茶的行家。讲究烹茶的水是陆羽在《茶经》曾殷勤叮咛过的。

这位倪云林的画销路很好，当时曾有“云林戏墨，江东之家以有无为清浊”的说法。但他的日子并不好过，“闲临水槛亲鱼鸟，欲出柴门畏虎狼”的诗句就说明了他的心境。

在新朝，“清浊”变得不重要，“清”反而变成了可笑的品行。倪云林的“清”被编进了《古今笑史》，因为他别具一格的厕所在明朝人看来也是可笑的：“溷厕以高楼为之，下设木格，中实鹅毛，凡便下，则鹅毛起覆之，一童子俟其傍，辄易去，不闻有秽气也。”

在今天看来，这其实与谷崎润一郎在《阴翳礼赞》中赞不绝口的日本厕所极为相似。

明代也有茶人，台湾学者吴智和认为：

> 明代茶人是由文人集团中游离出来的成员，他们是强调文化落实于生活的一群志同道契的当代人士。他们的出身，大抵以乡居的布衣、诸生为主体，结合淡泊于仕途或失意于政坛的科举人士。以志趣相高，往返酬游于园亭、山水之间；以饮茶相尚，艺文消融为事，在当代是一支鲜明的清流人物。

从元末明初的文人被屠灭的情况来看，“以饮茶相尚，艺文消融”已经是相当勇敢的反抗了，说这些饮者是“清流”，是相当合理的。然而，用饮茶来反抗制度未必能形成主流。明末著名茶人张岱的茶道就远离了这一派的风骨。

中村乔先生的中国弟子关剑平这样总结：从茶书的著述上可看出，至此中国传统茶学的发展已经走到了尽头。

10

与被遮蔽的末茶史相似，中国思想史上也有被遮蔽的、时断时续的关于“奢靡”的话题史。

晋代杜育的《荈赋》中的“荈”，指的是秋茶。为何在茶道相当成熟的晋代，人们喝秋茶不喝春茶？关剑平认为这是当局不想在重要的春耕中挤占人力。

中华民族自古以来都崇尚节俭，不必多言。但郭沫若发现了《管子·奢靡》中居然有“善莫于奢靡”这样的话。当时重农抑商的思想已经出现，管子代表了某种思想上的反弹。他认为政府应该使实用的东西贱，无用的东西贵。所以他主张厚葬：坟坑巨大，穷人有活干；墓表堂皇，雕工有事干；棺椁大，木匠生意兴旺；殉衣多，刺绣女工繁忙。但上层统治者不能奢侈，因为政府“无度而用，则危本”。

《晏子春秋》中也有类似记载。饥荒出现时，晏子请景公开仓放粮，景公不允许，因为这时景公有个楼堂馆所的建设计划。晏子提高工钱，从远处进原材料，整整用了三年，工程完工，老百姓也摆脱了贫困。宋朝范仲淹也推行了这种做法，不仅搞“工赈”，还有“岁荒不禁竞渡，且为展期一月”的措施。

恰恰是在明朝，陆楫在他的《蒹葭堂杂著摘抄》认为“吾未见奢之足以贫天下也”，认为节俭仅对个人和家庭有利，从社会考虑则有害：“自一人言之，一人俭则一人或可免于贫。自一家言之，一家俭则一家或可免于贫。至于统论天下之势则不然。”

据余英时先生研究，陆楫的这种说法后来渐渐流行起来了。法式善、顾公燮等人都发表过类似观点。这种思潮到了清朝可能传播得很广，连乾隆都不陌生，南巡扬州的时候他写过一首诗：

> 三月烟花古所云，
> 扬州自昔管弦纷。
> 还淳拟欲申明禁，
> 虑碍翻殃谋食群。

许多年之后，江宁府（即南京）的地方官、理学名臣涂朗轩却忘了乾隆的教诲。

> 方秦淮画舫恢复旧观也，涂进谒文正，力请出示禁止，谓不尔，恐将滋事。文正笑曰："待我领略其趣味，然后禁止未晚也。"一夕公微服，邀钟山书院山长李小湖至，同泛小舟入秦淮，见画舫蔽河，笙歌盈耳，……文正顾而乐甚，游至达旦，饮于河干。天明入署，传涂至曰："君言开放秦淮恐滋事端，我昨夕同李小翁游至通宵，但闻

歌舞之声，初无滋扰之事，且养活细民不少，似可无容禁止矣。”涂唯唯而退。

记录这段历史的黄秋岳赞叹道：“此是何等胸襟，何等见识！盖政治之精意，即在养活细民四字。”故事当然好，但我发现曾国藩似乎已经不太熟悉乾隆懂得的道理。

这样的例子很多，明人谢在杭的《五杂组》说到福建上元节灯市之盛，“蔡君谟守福州，上元日命民间一家点灯七盏。陈烈作大灯丈余，书其上云：‘富家一盏灯，太仓一粒粟。贫家一盏灯，父子相对哭。风流太守知不知，犹恨笙歌无妙曲。’然吾郡至今每家点灯，何尝以为哭也？烈，莆田人。莆中上元，其灯火陈设盛于福州数倍，何曾见父子流离耶？大抵习俗所尚，不必强之。如竞渡、游春之类，小民多有衣食于是者。损富家之羡镪，以度贫民之糊口，非徒无益有害者比也”。

以“节省民力”为借口禁止末茶的生产，皇宫不收，江南富户买家凋零，不知道有多少茶农因此破产。查过《四库全书》，茶农的悲哀在里面没有一个字的描述。

最后的苏意

如果看剧没有关弹幕，就会有大量新东西涌入大脑，给平静安逸的生活带来烦恼；如果一直关闭弹幕看剧，朋友圈的年轻朋友说的话可能就非常令我们费解。

“苏”就是这样一种新烦恼。

当老年朋友还在用一些通俗易懂的网络语言如“这是要火的节奏啊”，年轻朋友已经在用“男主好苏”“很苏”“太苏了”。聪明的你会猜测，“苏”可能是“酥”，形容一种让人心醉神迷的状态。但“梅长苏太苏了”以及“苏断腿”这种莫名其妙的表述方式就让饱学之士难以招架了。也许，有人会在朋友圈里写一篇短文去抨击年轻人这种浮躁与不负责任的交流方式了。核心论点可能包括但不限于以下几点：“表达当守正，修辞立其诚”“必也正名乎”“正心诚意”“真正的修行是修心”，等等。材料看来很多，观点很有力，即使关注的人不多，但一定能产生较大影响……

不过且慢，事情似乎没那么简单。

周文炜《与婿王荆良》一文透露：“今人无事不苏矣！东西相向而坐，名曰苏坐。主尊客上坐，客固辞者再，久之，曰：求苏坐。坐而苏矣，语言举动，安能不苏？……来作吴氓，当时时戒子弟，勿学苏意。”

今天的山东宴席严格延续了古人在酒桌上尊卑有序的做人规矩，主客之间在尊卑座位之间推拉摇移，很好地弘扬了传统文化，但今天的酒友哪里能够想到古代的客人以进为退的精妙之处：求苏坐！我就是喜欢东西相向而坐，避免了尊卑的区别，非常圆融。

你看看，在明代，一些文人与今天的九〇后一样，事事都要“苏”，乃至“无事不苏”。你能怎么办？世界很大是不是？

苏则苏矣，不过晚明人常说的“苏”，指的其实是为人虚浮无实。

茶苏不苏，则是千古疑案。

周亮工《闽茶曲》曾经对当时著名茶人提出质疑：“歙客秦淮盛自夸，罗囊珍重过仙霞。不知薛老全苏意，造作兰香诮闵家。”

这里的“歙客”就是在南京桃叶渡卖茶的闵汶水。董其昌、张岱、阮大铖等当时的名流都极口称赞“闵老子茶”。但周亮工回忆自己的拜访经历，“予往品茶其家，见其水火皆自任，以小酒盏酌客，颇极烹饮态。正如德山担青龙钞，高自矜许而已，不足异也”。也就是说看他烧水泡茶状态很投入，比较夸张，但并没有什么特别的地方。

周亮工还提到，福州的薛老曾经说过，“汶水假他味逼在兰香，究使茶之本味本色全失”。也就是说，茶里加了香料。

福建和安徽都是产茶的重地，福建人周亮工与安徽人闵汶水都是名人，这一次重量级的较量是历史上不多见的。

关于闵汶水的记载很多。清乾隆年间的刘銮在《五石瓠》中，说闵汶水是明万历、崇祯年间的徽州休宁海阳镇著名茶商，有两个儿子闵子长和闵际行。闵汶水十多年在金陵桃叶渡边卖茶，将“闵茶”的名气培养大了。据说特点是保留了茶叶的旗、枪之形状，因而获利颇丰。当时金陵名流还到休宁县海阳镇的闵氏“花乳斋”品茶。

一句话，闵汶水是名人，人人都要去结交。张岱在《闵老子茶》一文中已经将这个场面固定下来了，今天的茶人也不妨学习这种高明的表演艺术。

在张岱眼里，闵汶水不过是“婆娑一老”，但并不简单，这是个有套路的人。“方叙话，遽起曰：‘杖忘某所。’又去。”

当他回来见到张岱还在。便向张岱展示自己的精美茶具。

但没完，他泡完茶后说自己的茶是“阆苑茶”，张岱觉得是“罗岕茶”，闵汶水吐舌头说：“奇！奇！”所以，前面的所谓“阆苑茶”不过也是虚晃一枪。

闵汶水重新泡茶，香气更加浓烈，味道更加浓厚。张岱醒悟过来，前面泡的应该是秋茶，现在是春茶。汶水大笑曰：“予年七十，精赏鉴者无客比。”遂定交。

这篇文章历来被认为是传播茶文化的顶尖之作，但随着茶文化的普及，我们可能要重新来看。闵汶水打造的名牌畅销产品“闵茶”的信息少之又少，原因并不一定是记录者大意，而是“闵茶”实在是没有什么特点，“保留了茶叶的旗、枪之形状”，还真只是外表。苏意而已。

在名人闵汶水与名人张岱之间，闵汶水一直在测试有传播力的张岱是否懂茶，如果不懂，传播出去一些无关痛痒的皮毛信息于事无补。

好在张岱经过反复引导，辨认出了春茶与秋茶的区别，于是两人定交。于是，可能是很“苏意”的一件事，最后也成了文化界令人神魂颠倒的逸事。

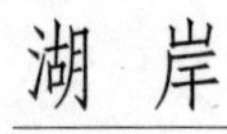

项目统筹_唐　奂
产品策划_景　雁
责任编辑_李　红　徐　樟
特约编辑_王　迎　廖小芳
营销编辑_戴　翔　刘焕亭
封面设计_尚燕平
美术编辑_王柿原
责任印刷_朝霞午昼

@huan404
湖岸 Huan
www.huan404.com
联系电话 _ 010-87923806
投稿邮箱 _ info@huan404.com